东北地区湿地生态系统服务价值及可持续发展

苏芳莉　宋　飞　李丽锋　等　著

科学出版社

北　京

内 容 简 介

　　生态系统服务和可持续发展是评价生态系统与人类社会发展关系的重要内容。湿地作为生态系统服务价值较高的生态系统之一，对生态环境、物种多样性和人类社会福祉都有重要意义。本书介绍了湿地生态系统服务、可持续发展以及湿地生态补偿的相关研究进展；分析了东北地区湿地生态系统多年的土地利用变化、生态系统服务价值变化以及可持续发展情况；确定了影响湿地生态系统服务和可持续发展的关键驱动因子；评估了东北地区典型河口湿地的健康状态、生态系统服务价值、可持续发展状态；介绍了湿地生态补偿的具体情况，并提出了建议。

　　本书针对东北地区湿地生态系统服务价值及可持续发展进行了深入的探讨，可供生态、湿地、农业、水利、林业、环境等领域的科研、规划和管理人员参考使用。

图书在版编目（CIP）数据

东北地区湿地生态系统服务价值及可持续发展 / 苏芳莉等著. —北京：科学出版社，2023.6
　　ISBN 978-7-03-074145-5

　　Ⅰ. ①东⋯　Ⅱ. ①苏⋯　Ⅲ. ①沼泽化地-生态系-服务功能-研究-东北地区②沼泽化地-生态系-可持续性发展-研究-东北地区　Ⅳ. ①P942.307.8

中国版本图书馆 CIP 数据核字（2022）第 236817 号

责任编辑：孟莹莹　韩海童 / 责任校对：邹慧卿
责任印制：赵　博 / 封面设计：无极书装

科学出版社 出版
北京东黄城根北街 16 号
邮政编码：100717
http://www.sciencep.com

北京科印技术咨询服务有限公司数码印刷分部印刷
科学出版社发行　各地新华书店经销
*
2023 年 6 月第 一 版　开本：720×1000　1/16
2025 年 1 月第二次印刷　印张：14
字数：282 000

定价：126.00 元
（如有印装质量问题，我社负责调换）

作者名单

苏芳莉　沈阳农业大学

宋　飞　沈阳农业大学

李丽锋　沈阳农业大学

孙一民　沈阳工程学院

李玉祥　盘锦市林业和湿地保护服务中心

魏　超　沈阳农业大学

李海福　沈阳农业大学

前　言

湿地生态系统是地球上重要的生态系统之一，为人类社会和动植物提供了重要的生态系统服务和生存场所。然而随着社会发展和自然条件的变化，湿地土地利用也随之发生改变，天然湿地面积损失较大，造成湿地生态系统的可持续发展随之恶化以及生态系统服务价值损失，因此有必要对这一过程中湿地生态系统的变化进行评估，明确影响可持续发展和生态系统服务价值变化的驱动力因子，为湿地的管理和规划提供参考依据。基于1980~2015年七期土地利用数据，本书将东北地区天然湿地和非天然湿地在土地利用相互转化过程中构成的系统作为广义上的湿地生态系统，通过能值方法构建湿地生态系统能值评价框架，对其可持续发展和生态系统服务价值的变化进行评估，再通过对数平均迪氏指数（logarithmic mean Divisia index，LMDI）方法对两者变化情况进行驱动力分析，确定主要的驱动力因子，为东北地区湿地生态系统管理规划提出针对性建议；此外，以东北地区典型河口湿地——辽河口湿地为例，对湿地生态系统的稳定性、可持续发展情况和生态系统服务价值进行评价，为辽河口湿地的保护和发展提供参考依据。同时，提出东北地区的区域生态补偿技术，进一步完善东北地区湿地的保护机制。本书的特色及创新有以下几点：①从长时间土地利用变化的角度，确定了东北地区广义的湿地生态系统范围，为天然湿地恢复提供了后备资源。同时，量化地评估了在土地利用变化过程中湿地生态系统的可持续发展情况和生态系统服务价值变化，有助于进一步加深对湿地生态系统的了解。②基于对数平均迪氏指数方法构建了影响湿地生态系统可持续发展和生态系统服务价值的驱动力因子，并明确量化了各个驱动力因子对湿地生态系统的贡献。同时，基于可调控的因子提出了改善湿地生态系统可持续发展的对策。③基于生态系统服务价值和皮尔曲线提出东北地区湿地生态补偿技术。④利用成因-状态-结果（cause-state-result，CSR）模型建立了辽河口湿地生态系统稳定性评价指标体系，分析了影响辽河口湿地生态系统稳定性的主要驱动因素（自然因素和人为因素），构建了灰色系统预测模型并对2020~2025年辽河口湿地生态系统稳定性进行预测，其结果可为辽河口湿地生态系统保护及可持续发展提供科学依据。

本书的相关研究工作得到国家重点研发计划项目子课题"湿地恢复与重建适应性管理对策研究"（项目编号：2016YFC0500408-9）、辽宁省"兴辽英才计划"科技创新领军人才（项目编号：XLYC2002054）和国家自然科学基金青年科学基金项目"冻融条件下辽河口潮滩湿地反硝化过程的微生物学机制"（项目编号：32001370）的资助，在此深表感谢！在本书的研究过程中，研究团队得到盘锦市林业和湿地保护管理局、中国科学院东北地理与农业生态研究所、黑龙江三江国家级自然保护区管理局和吉林省林业科学研究院等单位诸多方面的大力支持，在此一并致谢！为本书撰写和相关研究提供帮助的还有沈阳农业大学水利学院郭成久教授、孙迪讲师、宋爽讲师、程健硕士、丁振华硕士、董琳琳硕士、牛梓宸硕士、曹晨晨硕士、陈旭硕士、张德跃硕士、石宇瞳硕士、李祎琳硕士等，对他们的辛苦付出表示由衷感谢！

　　由于作者理论水平和经验有限，书中不足之处在所难免，敬请广大读者批评指正。

苏芳莉

2023 年 2 月

目　　录

前言

第一章　绪论 ··· 1

　第一节　国内外研究进展 ··· 3

　　一、生态系统可持续发展研究进展 ·· 3

　　二、生态系统服务价值研究进展 ··· 5

　　三、能值理论研究进展 ··· 7

　　四、指数分解分析方法研究进展 ·· 11

　　五、湿地生态补偿研究进展 ·· 12

　第二节　研究区概况 ·· 15

　　一、研究区地理位置 ··· 15

　　二、社会经济概况 ·· 15

　　三、自然条件概况 ·· 15

　　四、湿地概况 ··· 16

　第三节　数据基础 ··· 16

　　一、土地利用数据 ·· 16

　　二、能值计算基础数据 ·· 18

第二章　湿地生态系统土地利用变化特征 ·· 20

　第一节　湿地生态系统空间分布及面积变化特征 ······························· 20

　第二节　天然湿地土地利用变化特征 ·· 21

　　一、面积变化特征 ·· 21

　　二、斑块变化特征 ·· 26

　第三节　非天然湿地土地利用变化特征 ··· 28

　　一、面积变化特征 ·· 28

　　二、斑块变化特征 ·· 35

　第四节　讨论 ·· 37

　第五节　本章小结 ··· 37

第三章　基于能值的湿地生态系统可持续发展变化特征················39

　第一节　湿地生态系统能值分析·····························39

　　一、能值分析图的绘制·································39

　　二、能值计算·····································41

　　三、能值分析表的编制·······························41

　第二节　湿地生态系统能值流变化特征························42

　　一、总能值流变化特征·······························42

　　二、可更新资源变化特征······························43

　　三、不可更新资源变化特征····························44

　　四、外部资源变化特征·······························44

　　五、讨论·······································46

　第三节　湿地生态系统能值可持续发展变化特征···················46

　　一、能值产出率···································46

　　二、环境负载率···································47

　　三、能值可持续发展指标······························49

　　四、讨论·······································50

　第四节　本章小结··································50

第四章　湿地生态系统服务价值··························51

　第一节　生态系统服务价值分类···························51

　第二节　生态系统服务价值计算···························52

　　一、供给服务价值·································52

　　二、调节服务价值·································53

　　三、文化服务价值·································53

　　四、支持服务价值·································53

　第三节　湿地生态系统服务价值变化特征·······················53

　　一、天然湿地生态系统服务价值变化特征···················55

　　二、非天然湿地生态系统服务价值变化特征···················56

　　三、讨论·······································58

　第四节　本章小结··································58

第五章　湿地生态系统可持续发展及服务价值变化驱动机制分析··········60

　第一节　LMDI 方法································60

　第二节　湿地生态系统可持续发展变化的驱动机制··················61

　　一、湿地生态系统可持续发展驱动力因子构建·················61

　　二、湿地生态系统可持续发展驱动力分析 ··62

　　三、讨论 ···64

第三节　湿地生态系统服务价值变化的驱动机制 ··66

　　一、湿地生态系统服务价值变化驱动力因子构建 ·································66

　　二、供给服务价值变化驱动力分析 ···67

　　三、调节服务价值变化驱动力分析 ···69

　　四、文化服务价值变化驱动力分析 ···72

　　五、支持服务价值变化驱动力分析 ···74

　　六、总生态系统服务价值变化驱动力分析 ···76

　　七、讨论 ···78

第四节　本章小结 ···80

第六章　基于湿地生态系统服务价值保障的可持续发展管理对策分析 ··········81

第一节　基于驱动力因子的湿地生态系统变化 ···81

　　一、驱动力因子设置 ···81

　　二、湿地生态系统能值流及可持续发展变化 ······································82

　　三、湿地生态系统服务价值变化 ···84

　　四、讨论 ···85

第二节　湿地生态系统管理对策建议 ···85

第三节　本章小结 ···86

第七章　区域湿地生态补偿技术 ···88

第一节　研究方法 ···88

　　一、区域内部生态补偿标准估测模型 ···88

　　二、区域外部生态补偿标准估测模型 ···88

　　三、基于皮尔曲线的支付意愿 ···89

　　四、基于生态系统服务功能价值损失的生态补偿标准 ·························90

　　五、意愿调查法 ···91

第二节　生态补偿技术 ···91

　　一、东北地区各省支付意愿系数 ···91

　　二、东北地区湿地内部生态补偿标准估测模型 ··································91

　　三、东北地区湿地外部生态补偿标准估测模型 ··································93

第三节　本章小结 ···96

第八章　东北地区典型湿地——辽河口湿地分析 ····················97

　　第一节　辽河口湿地概况 ·······································97

　　第二节　辽河口湿地生态系统稳定性研究 ·······················99

　　　　一、辽河口湿地生态系统稳定性评价指标体系 ·················99

　　　　二、辽河口湿地生态系统稳定性关键过程分析 ·················118

　　　　三、辽河口湿地生态系统稳定性驱动主导因子分析 ·············157

　　　　四、辽河口湿地生态系统稳定性预警模型与调控对策 ···········169

　　第三节　辽河口湿地生态系统可持续发展评价 ···················177

　　　　一、辽河口湿地生态系统能值分析图 ·······················177

　　　　二、辽河口湿地能值投入结构 ·····························179

　　　　三、可持续发展评价 ···································179

　　第四节　辽河口湿地生态系统服务价值评价 ·····················180

　　　　一、生态系统服务框架 ·································181

　　　　二、生态系统服务价值核算 ·····························182

　　第五节　辽河口湿地生态补偿机制 ···························184

　　　　一、已实施的湿地生态补偿项目 ·························184

　　　　二、基于本书的生态补偿机制构建 ·······················186

　　第六节　本章小结 ··189

附录 A　缩写表 ··190

附录 B　能值计算过程 ·······································191

附录 C　东北研究区能值分析原始数据 ···························201

参考文献 ··203

第一章　绪　　论

　　湿地与森林、海洋一同被列为地球三大生态系统，其范围包括河流、湖泊、沼泽、滩涂等天然湿地，以及水库、坑塘和稻田等人工湿地（《关于特别是作为水禽栖息地的国际重要湿地公约》以下简称为《湿地公约》）。湿地作为陆地上较重要的生态系统之一，具有丰富的生态系统服务功能，其单位面积的生态系统服务价值远高于其他生态系统（Costanza et al., 1997），在维护生态平衡和生态安全方面有重要的意义。湿地具有净化污染，涵养水源等功能，因此被称为"地球之肾"；湿地是许多水禽的栖息地，因此有"鸟类天堂"的称号；除了水禽之外，湿地还为全球40%以上的动植物提供了生存和发展的空间，因此也有"生物基因库"的美誉（Keddy, 2010）。

　　湿地具有肥沃的土壤和丰富的水资源，十分适合动植物的生存和发展，同时也成了人类获取资源的重要场所。在过去的一百多年里，由于社会经济发展需求，人口增加导致的粮食需求以及人们对湿地重要性认识的不足，全球湿地面积遭受了严重的损失，有一半以上的天然湿地转为了其他土地利用类型（Davidson，2014）。天然湿地被开垦为耕地是湿地面积减少的主要方式，其中受损最严重的是沼泽湿地，在河流湿地和洪泛湿地中也有被农业耕作占用的现象（满卫东等，2016）。此外，畜牧业、水产养殖业、城市扩张、工业生产、水利设施建设等人类活动也使天然湿地的面积受到了损失（穆雪男，2014；张明娟等，2013；张晋东等，2010）。天然湿地土地利用的变化不仅直接改变了原始湿地生态系统的状态，也使更多的人类活动干扰进入湿地生态系统当中，造成湿地生态系统水文和物质循环过程受到干扰。湿地生态系统因此呈现退化，景观破碎化，生境质量下降等现象，这一方面导致了湿地生态系统可持续发展受到削弱，另一方面导致了生态系统服务价值的直接损失，影响人类社会的福祉。

　　从长期的角度来看，天然湿地和非天然湿地一直存在相互转换，这体现了人类社会对发展需求和对天然湿地生态系统服务功能需求之间的矛盾。天然湿地向非天然湿地进行转化，通常是由于人类社会向天然湿地索取生产生活资源和发展空间，特别是在经济欠发达地区，人们首先重视的是生存和发展，因此更倾向于将天然湿地开发为具有更高经济效益或更有利用价值的土地利用类型（Hu et al., 2017；Ayanlade and Proske, 2016）。非天然湿地向天然湿地转化的主导因子也来源于人类活动。20世纪80年代开始，湿地的功能和价值逐渐被大众所认知，并开始有意识地对湿地进行保护和恢复，主要包括限制湿地开发，建立湿地自然保护区以及退耕还湿等措施。例如《湿地公约》，美国的湿地"零净损失"计划，中国湿地保护行动计划等。在经济较为发达的国家和地区，人们对良好生存环境的追求更加强烈，即对生态系统服务功能的追求越来越高。这也促使现存湿地得到了更好的保护，并将更多适宜的区域转变为湿地。这些措施和需求，一方面减少了人为活动对湿地生态系统的负面干扰，另一方面也为避免湿地面积的直接损失做出了积极贡献，在提高湿地的生态系统可持续发展和生态系统服务价值方面起到了促进作用。

从系统的角度来看，可持续发展表征着生态系统的发展状态，生态系统服务价值则代表生态系统的产出，因此生态系统能否长久发挥其服务价值依赖于生态系统的可持续发展。已有许多研究对湿地生态系统、农业生态系统、森林生态系统、流域生态系统等不同类型的生态系统进行了这两方面的评价。采用的方法也较为多样，例如在生态系统服务价值方面有成本法、支付意愿法、影子工程法、能值分析法等，在可持续发展评价方面有压力-状态-响应模型，生态足迹法和能值分析法等。而在土地利用变化过程中，不仅各类土地利用类型的面积变化对生态系统可持续发展和生态系统服务价值造成了影响，人为活动更多的介入其中、自然因素变化等都会对生态系统的发展状态造成干扰。因此，如何科学系统地评估这一过程中生态系统可持续发展情况和生态系统服务价值变化，并明确导致其发生变化的驱动力，使湿地能够可持续发展并获得长期的生态系统服务价值，对湿地的科学管理和规划有重要意义。

东北地区是我国最重要的湿地分布区，其沼泽湿地面积约占全国沼泽湿地面积的50%（Niu et al.，2009；刘兴土，2005），为我国提供了重要的生态屏障功能（周洁敏和寇文正，2009）。然而，人口增长导致的粮食需求增加，改革开放以后社会经济的快速发展以及对湿地价值的认识不足，大量的天然湿地被开垦为耕地，或转变养殖鱼塘、居民用地和工业建设用地等。这些人类活动导致水质污染，生境破坏，非点源污染等一系列生态环境问题的加剧（毛德华等，2016；崔瀚文等，2013；中国工程院"东北水资源"项目组，2006），生态系统服务价值也遭受了损失，人为活动的干扰也使湿地生态系统的可持续发展机制变得更加复杂。近年来，随着湿地价值越来越被认可，以及国家生态文明建设的发展策略，湿地保护成为社会关注的重点。特别是2000年之后，为了进一步加强湿地资源的保护和恢复，从整体上维护湿地的生态系统功能，服务可持续发展战略，依托《中国湿地保护行动计划》，国务院批复了《全国湿地保护工程规划（2002—2030年)》，并在此后每五年制定全国湿地保护实施规划进一步落实湿地保护政策和措施，其中东北地区是全国湿地保护工程规划划分的8个湿地分布区之一。因此，科学评价湿地生态系统服务价值和可持续发展状况，明确造成两者发生变化的驱动力因子，对东北地区湿地发展具有重要意义。随着科学技术的进步，遥感技术为大尺度、长时间监测土地利用变化提供了数据支持；对生态系统研究的不断深入，为生态系统服务价值评价和生态系统可持续发展评价提供了评价方法。在这样的背景下，本书选取东北地区的天然湿地、由天然湿地转化的非天然湿地以及由非天然湿地转化的天然湿地作为研究对象，并将三者组成的系统作为广义上湿地生态系统（此后本书中出现的湿地生态系统定义都与此相同），对 1980～2015 年湿地生态系统服务价值和可持续发展及其驱动力因子进行评价和分析。

生态系统可持续发展和生态系统服务价值是生态系统评价的重要内容，并且都关系着人类社会福祉（黄甘霖等，2016）。长时间以来湿地生态系统土地利用发生了较大变化，主要是天然湿地转向了非天然湿地，使天然湿地面积遭受了严重的损失，导致湿地生态系统的结构和状况发生改变，进而导致生态系统可持续发展受到削弱，生态系统服务价值受到损失。诸多研究表明，除了土地利用变化外，生态系统可持续发展和生态系统服务价值还受到其他人类活动因子和自然因子变化的影响。本书基于东北地区不同时期湿地生态系统土地利用变化信息，应用能值理论构建湿地生态系统能值评估框架，对这一变化过程中湿地生态系统可持续发展和生态系统服务价值进行评估，并使用对数平均迪氏指数（LMDI）方法分析其变化的驱动力因子，从而明确人类活动因子和自然因子对湿地生态系统可持续发展和生态系统服务价值的影响，并提出改善可持续发展的建议，以确保湿地生态系统能够长久地发挥生态系统服务价值。

当前，对湿地的生态系统服务价值评价和可持续发展评价通常是针对天然湿地，由不同土地利用类型组成的湿地自然保护区或某一类型的天然湿地进行的。这忽略了天然湿地和非天然湿地在相互转化过程中湿地生态系统可持续发展和生态系统服务价值的变化，因此，本书将天然湿地、天然湿地转化的非天然湿地、非天然湿地转化的天然湿地作为研究对象能够丰富对这两个领域的研究，有助于进一步了解湿地生态系统。此外，关于湿地的生态系统服务价值和可持续发展的研究，涉及多学科领域的内容，特别是对于推动遥感技术和不同的生态系统分析方法在湿地科学领域的应用有重要意义。东北地区作为我国重要的湿地分布区，开垦等人为活动对天然湿地造成了严重的损失，通过对不同时期湿地生态系统可持续发展和生态系统服务价值的评价，对湿地的宏观管理和科学规划有一定的指导意义。

第一节　国内外研究进展

一、生态系统可持续发展研究进展

可持续发展最初是用于指导社会经济发展提出的，其概念的萌芽起源于 20世纪 50～60 年代，西方国家高度发达的工业造成了许多严重的生态环境问题，促使人们开始反思经济发展和生态环境之间的问题。生态学、社会学、经济学等不同领域的科研工作者也开始对当前的发展模式进行评估和分析，探索社会经济发展的更优模式。在此之后，《寂静的春天》《增长的极限》《只有一个地球》等著作的面世进一步推动了整个社会对经济发展模式的深入思考。1980 年，可持续发展的概念在《世界自然保护策略：为了可持续发展的生存资源保护》第一次出现，并于 1987 年由世界环境和发展委员会（World Commission on Environment and Development，WCED）在报告《我们共同的未来》中正式提出，其概念被阐述为："既满足当代人需要，又不对后代人满足其需要的能力构成危害的发展。"2001 年，可持续性科学出现，将自然科学和社会人文科学整合为一体，以环境、经济和社会的相互关系为核心，成为可持续发展的理论基础和评价方法的来源（Kates，2001）。此后，可持续发展在基础研究和应用研究中不断丰富和完善。

　　生态系统是可持续发展的基础，为人类社会提供了生产资料、发展空间以及各类生态系统服务，Kates（2011）对可持续生态学研究中的阐述也再次明确了生态系统和人类社会之间紧密关系。并进一步完善了可持续生态系统的核心科学问题，主要内容包括：①如何将自然生态系统与社会经济之间的动态关系整合到"地球系统-人类发展-可持续发展"的模式和概念当中；②生态环境与社会发展的长期变化趋势怎样影响自然生态系统与社会经济之间的关系，进而影响可持续发展机制；③影响"社会-经济-自然"复合生态系统的关键因素有哪些；④如何界定"社会-经济-自然"复合生态系统退化的阈值和极限条件；⑤改善社会和自然之间的关系，促进"社会-经济-自然"复合生态系统可持续发展的有效激励机制是什么；⑥如何建立科学有效的环境和社会经济系统的监测体系，以更深入地对生态系统的可持续性进行研究；⑦如何整合现有监测、规划、评估等手段成为适应性管理和社会学习系统。因此，明确生态系统的可持续性对人类社会可持续发展有重要意义。综合来看，对生态系统可持续发展的评估方法可以归纳为三类：一是指标体系或指数，二是基于产品的评估方法，三是综合评估法。其中第一类由于其在数学角度上较为简单，表达较为清晰明确，因此被国内外学者广泛应用，典型的指标和指数包括能值可持续发展指标（emergy sustainability indicator，ESI）、压力-状态-响应（pressure-state-response，PSR）模型的框架指标、生态足迹（ecological footprint，EF）、生命周期（life cycle analysis，LCA）法等。

　　Alizadeh 等（2020）结合能值可持续发展指标和生命周期法对污水处理厂植被生态系统进行了评价，其结果为提高污水处置效率和提高城市水循环可持续发展提供了参考。Houshyar 等（2018）对伊朗西南部农业生态系统的能值分析认为，该地区可以通过增加玉米产业的规模提高本地农业生态系统的可持续发展。Maurya 等（2020）基于综合城市水管理和 PSR 模型构建了发展用水规划指数，为水资源可持续发展提供了规划依据。Blasi 等（2016）基于生态足迹法讨论了农民耕作方式对农作物自然循环的影响，为推动农业活动可持续发展提供了参考。Ahmed 等（2020）结合生态足迹、城市化和人力资本对 G7 国家生态承载力和可持续发展进行了评价，并提出了应对政策。Dorber 等（2020）基于生命周期法对全球土地变化对生物多样的影响进行了分析，结果表明土地淹没对陆生生物多样性影响非常大。Othoniel 等（2019）对生命周期法进行了改进，并评价了土地利用变化对生态系统服务的影响，拓展了生态系统可持续发展的评价方法。

司红君等（2014）对巢湖湿地的研究表明，由于污染物增加，造成了湿地的环境负载过高，导致其可持续发展指标降低。韩增林等（2017）评价了我国海洋生态经济系统的可持续发展，结果表明系统的整体可持续发展指标较好，但局部地区环境负载率过大对可持续发展造成了较大的负面影响。徐浩田等（2017）基于 PSR 模型和灰色系统建立了凌河口湿地生态系统健康的预测模型，结果显示该湿地的健康情况呈逐年恶化趋势。Wang 等（2019）应用 PSR 模型对北京市水资源系统的评价结果显示，其水资源可持续发展水平一直处于较低水平，且多年变化相对不大。钟连秀等（2019）结合地理信息系统（geographic information system，GIS）、遥感技术和 PSR 模型对漳江口红树林湿地的研究表明，海平面上升，互花米草入侵和人为活动干扰是湿地健康恶化的重要影响因素。于冰和徐琳瑜（2014）应用生态足迹法对大连市水生态系统可持续发展的评价结果表明，其水生态处于不可持续发展状态，并建议从优化水资源的利用方式和水资源供给能力方面进行改善。施开放等（2013）基于 GIS 和生态足迹法评估了重庆市耕地的生态承载力，结果显示重庆市耕地生态赤字严重并且耕地供需空间不平衡性明显。Zhao 等（2017）使用生命周期法评估了人工湿地生物增强技术的环境影响。

总体而言，多种评估方法被国内外学者广泛地应用于不同生态系统的可持续发展评价中，为人类社会的可持续发展提供了坚实的后盾和理论支撑，也为本书中由不同土地利用类型组成的广义湿地生态系统可持续发展评价奠定了基础。

二、生态系统服务价值研究进展

生态系统服务（ecosystem services）的研究到目前已经较为成熟和全面，它是指人类从生态系统中直接或间接获得的收益（Millennium Ecosystem Assessment，2005）。其首次出现是在 1970 年联合国发布的《人类对全球环境的影响报告》中，该报告列举了大气调节、水源涵养、水土保持等多种类型的生态系统服务。随后，经历了自然服务（natural services）概念的阶段（Westman，1977），到 20 世纪 80 年代 Ehrlich 等正式提出了生态系统服务的概念（Ehrlich P R and Ehrlich A H，1981），并对此做了系统的阐述（Ehrlich and Mooney，1983）。在此之后，随着生态经济学的发展，学者开始对生态系统服务价值进行评估，并在 20 世纪 90 年代取得了里程碑式的重要成果。Costanza 等（1997）使用成本法、影子工程法等经济学方法对 1994 年全球生态系统的服务价值进行了计算，其中共涉及海洋、森林、湿地、农业等 11 个大类的生态系统，大气调节、水土保持、物质资源供给等 17 项生态系统服务价值。随后引发了众多学者对生态系统服务价值概念（Lorey，2002）、分类（de Groot et al.，2002；Heal，2000）和评估（Farber et al.，2002；Bolund and Hunhammar，1999）的讨论和研究。

2005 年，"千年生态系统评估"（Millennium Ecosystem Assessment，MA）项目再次深入探讨了生态系统服务价值，并基于过去的研究成果和项目探索，构建了生态系统服务评价的经典框架，将生态系统服务分为了四类，即供给服务、调节服务、文化服务和支持服务，成为该领域研究的又一里程碑。此后，生态系统服务价值评估进入了繁荣阶段。在理论方面，Fisher 等（2009）构建了中间服务和最终服务的生态系统服务框架。在评价对象上，对全球尺度（Kubiszewski et al.，2017；Ouyang et al.，2016）以及国家（Loft et al.，2017；Albert et al.，2016）、省（Portalanza et al.，2019；Li et al.，2017a）、市（Nikodinoska et al.，2018）等不同级别的行政区，森林（Mori et al.，2017）、草地（Du et al.，2018）、湿地（Calder et al.，2019）、农业（Bommarco et al.，2018）、流域（Meacham et al.，2016）等不同类型的生态系统进行了探索和研究。此外，针对生态系统服务价值和土地利用的关系（Fagerholm et al.，2016），生态系统服务价值和气候变化之间的关系（Nykvist et al.，2017），生态系统服务价值和人类活动的关系（宋红丽等，2019）也进行了大量的研究。在生态系统服务价值类别上，越来越多的生态系统服务通过新的方法得以计算。随着研究的不断深入和丰富，生态系统服务评价的体系越来越完善，并且在生态系统的管理中也得到了越来越多的重视。

从上述研究可以看出，国外学者基本构建了生态系统服务价值研究的理论和方法体系，并对其概念、内容和分类方法等基础内容进行了深入的探索。此外，对生态系统服务价值和不同生态系统之间的关系、不同影响因子之间的关系、不同研究尺度之间关系以及在管理和规划中的应用进行了大量的研究。

国内对生态系统服务的研究起始于 20 世纪 90 年代中后期，随着 Costanza 研究成果的发表，生态系统服务研究开始被引入国内，并开展了一系列理论、方法和实证的研究（欧阳志云和王如松，2000；欧阳志云，1999；欧阳志云等，1999）。谢高地等（2003）根据中国的实际情况修正了 Costanza 等（1997）的研究成果，构建了中国生态系统服务当量因子表，并在其后继续进行了深入研究（谢高地等，2015a，2008）。此后，在以欧阳志云和谢高地为代表的学者的研究基础上，生态系统服务价值研究范围逐渐扩展到更多不同的对象。包括不同级别行政区域的生态系统服务价值核算，例如徐俏等（2003）估算了广州市生态系统服务价值；娄佩卿等（2019）

采用 GEE（Google Earth Engine）平台对京津冀地区生态系统服务价值和土地利用变化之间的关系进行了探索；谢高地等（2015b）基于 2010 年全国土地利用数据计算的全国生态系统服务价值总量为 38.10 亿元。研究对象还包括不同类型的生态系统，例如赵晟等（2007）计算了中国红树林湿地的生态系统服务价值，为红树林湿地保护提供了科学依据；崔丽娟等（2016）避免了生态系统服务价值的重复性计算，更准确地核算了扎龙湿地的生态系统服务价值；贾军梅等（2015）评估了太湖十年间的生态系统服务价值的变化，为太湖的规划和管理提供了参考；肖强等（2014）探索了重庆市森林生态系统不同服务价值的价值量，增进了对当地森林生态系统的认识；Yang 等（2019）计算了中国水生生态系统的生态系统服务价值，进一步完善了水生生态系统服务价值评估体系。此外，关于生态系统服务价值变化和不同影响因素之间的关系也成为国内学者关注的热点，例如 Li 等（2019）从全球尺度探讨了 1992~2015 年农业系统面积变化对全球总生态系统服务价值的影响；郭荣中和杨敏华（2014）考虑人为活动因子对长株潭地区生态系统服务价值变化进行了预测。在协调生态系统发展和人类社会经济发展关系之间，生态系统服务价值评估也有重要作用，例如周晨等（2015）基于生态系统服务价值核算了南水北调中线工程水源区生态补偿标准，为南水北调工程生态补偿机制建立提供了科学依据；郭年冬等（2015）从生态系统服务价值角度分析了环京津地区的生态补偿制度。

总体来看，我国生态系统服务价值研究虽然晚于国外，但在生态系统服务价值评估的理论、方法和实际应用中进行了深入和细致的研究，完善了生态系统服务价值评估的框架体系，为本书及后续研究奠定了方法和理论基础。同时，本书对由不同土地利用类型组成的广义湿地生态系统的研究，丰富了湿地生态系统在土地利用变化过程中服务价值变化的机制。

三、能值理论研究进展

能值（emergy）是指"一种流动或储存的能量所包含另一种类别能量的数量，称为该能量的能值"，它可以从能值的角度对系统进行更全面的评估，并将不同的能量转换为统一的单位尺度进行评估，其单位为 sej（solar emergy joule）。该理论是 20 世纪 80 年代由美国生态学家 Odum 提出的一个横跨生态学和经济学领域的具有开创性的理论（Odum，1988），解决了生态系统和社会经济系统难以在同一维度进行分析的难题。自该理论提出后，Odum 与其同事和学生逐渐完善了该理论的框架和分析方法（Ulgiati et al.，1995；Brown and Arding，1991），并于 1996 年出版了 *Environmental Accounting：Emergy and Environmental Decision Making* 一书（Odum，1996），详细地阐述了能值理论的内容和方法。此后，以 Brown、Ulgiati 和 Campbell 等为代表的学者持续对能值理论进行更深入探索和实证研究，并为能值理论的推广编写了一系列名为 *Handbook of Emergy Evaluation A Compendium of Data for Emergy Computation Issued in a Series of Folios* 的手册。此外，随着科学技术的不断进步，能值计算中的能值转换率参数也在持续进行更新以求更加准确（Brown and Ulgiati，2016a；Brown et al.，2011；Brown and Ulgiati，2010）。

国内对能值理论的研究起始于 1990 年 Odum 访华时进行的关于能值理论和分析的学术报告，而后蓝盛芳翻译了他的论文 *Self-Organization，Transformity，and Information*，并出版了《生态经济系统能值分析》一书，详细介绍了能值理论的方法和原理。自此，能值理论开始被越来越多的学者应用于各个领域的评估和分析当中，为生态系统和社会经济的可持续发展提供了政策建议。

总体而言，国内外学者自能值理论创立至今持续在不同领域进行探索和应用，不断丰富和完善能值理论体系和分析方法。根据本书的对象和内容，从以下几个领域对能值的研究成果进展进行总结。

（一）湿地生态系统研究

钦佩等（1999）计算了香港米埔湿地保护区的生态系统服务价值和可持续发展指标，为社会大众提高对湿地的认知起到了教育和警示作用；万树文等（2000）通过能值分析比较两种不同的人工湿地模式，为保护珍稀鸟类生存空间提供了科学支持；Nelson 等（2001）通过能值方法分析了湿地对污水的净化处理要比其他的污水处理方式更具有经济性；Zuo 等（2004）对比了盐城自然保护区原生湿地和人工湿地可持续发展指标，为保护区管理和规划提供了参考；Meng 等（2010）的研究表明，白洋淀湿地创造的经济价值很高，但由于其不可更新资源投入较多，导致系统的可持续发展水平较低，且面临的环境压力较大。Duan 等（2011）结合能值方法和生命周期法对北京的城市湿地公园进行了评价，与一般人工湿地相比，城市湿地公园的可更新资源投入占比更高，可持续发展指标表现更好；Buller 等（2013）计算了水葫芦的单位能值（unit emergy value，UEV），评估了水葫芦的生态和经济价值，为湿地管理和规划提供了建议；对辽河口湿地的研究表明，湿地在作为物种资源和种子库方面的价值巨大（Li et al.，2018），值得进行更全方位的保护；对黄河口湿地的研究表明，由于城市化进程，其生态系统服务价值在 2009～2015 年损失超 10%（Wang et al.，2019）。

（二）森林生态系统研究

Campbell 等（2005）对西弗吉尼亚州进行了能值评估，分析了该地区的可持续发展情况，为政府管理提供了参考；Campbell 和 Brown（2012）计算了美国森林生态系统的自然资本和生态系统服务价值，并分析了林业部门的保护性投入和生态系统之间的效益关系；de Oliveira 等（2018）讨论了巴西南部最重要人工林-火炬松生产系统的可持续发展，结果认为该系统具有较好的可持续发展前景，这为巴西土地利用规划提供了参考意见；吴霜等（2014）核算了中国森林的生态系统服务价值和能值密度，结果表明人为活动带来的负面影响导致了森林能值密度的降低；杨青和刘耕源（2018）计算了京津冀地区森林生态系统的非货币价值，结果显示河北省森林生态系统对该地区经济发展的贡献最大；汤萃文等（2012）的研究表明，水源涵养是东祁连山森林生态系统最重要的生态系统服务价值。王娇等（2016）的研究结果显示，辽宁省森林生态系统的土壤保育服务是其最重要的生态系统服务，其次为水源涵养。

（三）草地生态系统研究

齐拓野（2014）基于能值方法对黄土高原丘陵区退耕还林还草工程的效益进行了研究，结果认为该工程的整体收益偏低，林草比例配置不够合理；张彦虎（2015）对新疆草地农业系统进行了能值分析，并提供了适宜产业可持续发展的建议；李琳等（2016）核算了 2001～2010 年三江源草原生态系统服务价值，结果表明生态系统服务价值总量有所上升，其中释放 O_2 和释放 CO_2 的价值最大。王梦媛等（2019）认为黄土高原-青藏高原过渡带地区的农户可用通过优化天然草场的利用方式，提高农户生产系统的能值收益率，改善产业结果；Dong 等（2012）基于能值方法和碳模型对内蒙古地区放牧和草原利用进行了分析对比，为我国北方草原可持续发展战略提供了支持。

（四）农业生态系统研究

Lan 等（1998）通过能值方法评价了中国农业生态系统的能值结构，并建议从提高肥料的利用率和减少化石燃料的使用来提高农业的可持续发展，Liu 等（2019）对我国农业产业可持续发展的研究也认同此观点。Ghisellini 等（2014）对意大利 1980～2010 年农业生态系统的能值分析认为，土地利用变化和劳动生产率对系统总投入的能值有重要影响；Lu 等（2018）对比了竹子产业和农业产业的能值指标，结果表明前者比后者有更好的可持续性和更高的收益率，该结果为地区产业结构优化提供了参考建议；Zhai 等（2018）分析了玉米生态系统在不同条件下的可持续发展情况，结果表明系统的可更新资源投入影响系统外部投入的数量和比例；Ali 等（2019）结合能值和承载力分析，对比了印度和巴基斯坦的农业生态系统，结果建议两国需要合作跨界保护自然资源，以提高农业的可持续发展能力；Yin 等（2019）比较了中国北方和南方典型产粮区的能值组成，结果表明通过提升技术，减少对物质资源的依赖，能够有效提高农业可持续和耕地的集约化利用。

（五）渔业生态系统研究

严茂超等（2001）对我国各省份主要渔业产品的能值进行了评估，对生产率较低的地区提出了改善建议；Vassallo 等（2007）评价了地中海西北部近海岸不同渔业养殖系统的可持续发展，结果显示渔业生态系统极大地依赖系统外部资源投入，导致其可持续发展水平较低；Zhang 等（2011）对南四湖网箱渔业养殖系统、池塘集约化渔业养殖系统和半自然渔业养殖系统的可持续发展进行了评估，为当地渔业产业结构调整提供了建议；Wilfart 等（2013）结合生命周期法和能值方法对不同渔业养殖类型的分析表明，减少系统外部投入，增加对周围可更新资源的利用能够提高系统的可持续发展水平，Zhao 等（2013）基于生态足迹和能值方法对中国沿海地小规模渔业养殖的研究也证明可此观点；Hong 等（2015）对韩国渔业生产废弃物的处置方式进行了能值分析，并建议管理部门从预防措施着手以提高处置效率，降低成本。

（六）复合生态系统

除了单一类型的生态系统，能值方法在由不同要素组成的复合生态系统中也有广泛的应用。Gao 等（2011）基于能值理论评价了中国县域尺度上土地利用方式造成的生态压力，并提议加强对土地利用变化的研究。Zhang 等（2018）的研究表明，通过简单的产业场地扩张会导致土地资源的可持续能力降低，而通过工业升级和技术创新则能够兼顾土地资源的可持续发展和经济的发展。对云南省的能值分析表明，通过调整产业结构，促进循环经济的发展，提高可更新资源的利用，对地区社会经济可持续发展有重要意义（Chen et al.，2017）。Cavalett 等（2006）应用能值方法对巴西南部地区种植系统、家禽养殖系统和渔业养殖系统进行了评估，结果表明三者组合的系统比单一系统具有更好的收益和可持续发展表现，对三峡地区种植系统、家禽养殖系统和渔业养殖系统的研究同样得出了相似的结论 Cheng 等（2017）。在"猪-沼气-鱼"系统（Wu et al.，2014）、鸭稻共作系统（Li et al.，2017b）的研究中，也得出了这种组合系统比常规农业具有更好的可持续发展性的结果。Li 等（2011）评价了珠江口地区渔业养殖系统和天然湿地生态系统的能值表现，为湿地开发利用方式提供了可行的方案建议。Lu 等（2017）研究了不同湿地植被的能值表现，为湿地科学的开发利用提供了建议。Zhong 等（2018）通过对洱海流域内的湖泊系统、农业系统等子系统的能值分析，为该地区整体可持续发展提供了政策建议。

在本书中，湿地生态系统实际是一个混合了农业、森林、草地、城市等不同要素的生态系统，能值理论在这些不同类型的系统中都有较好的应用，可以为本书提供方法支持。

四、指数分解分析方法研究进展

指数分解分析方法主要是基于数学方法将一个目标变量分解为若干个影响因子，从而分析各个因子对目标变量影响程度的贡献率，进而确定对目标变量影响较大的因子。指数分解分析方法始于 20 世纪 60 年代德国经济学家拉斯贝尔提出的"基期加权综合指数"，也称为拉氏指数（Laspeyres index）。指数分解分析方法当时主要用于解决经济领域的问题，20 世纪 70 年代之后，随着社会对石油危机和气候恶化等问题的关注，指数分解分析方法开始被应用于这些领域的研究，并持续至今，使该类方法得到了不断的丰富和发展，主要的方法包括拉氏指数、算数平均迪氏指数（arithmetic mean Divisia index，AMDI）和 LMDI。其中，LMDI 在 20 世纪 90 年代后期出现萌芽，并逐渐成为解决能源消费、碳排放和其他复杂问题的主要方法。这是因为前两者无法解决残差项和零值问题，而 LMDI 则能够避免这两种情况，并能给出合理的结果（Ang and Zhang，2000；Ang et al.，1998；Ang and Choi，1997）。2001 年，Ang 和 Liu 对 LMDI 方法进行了比较完整的阐述（Ang and Liu，2001）。

国外学者对 LMDI 方法的应用，目前仍主要在能源消费和碳排放两个领域。在能源消费领域，Achour 和 Belloumi（2016）分析了突尼斯交通运输业能源消费的驱动力，结果显示提高运输强度对节约能源有重要作用。Fernández 等（2014a）比较了欧盟 27 个成员国能源消费的差异，并分析了其各自的驱动力因素，为欧盟克服能源消耗压力提供了建议。在智利和伊朗等国家（Cansino et al.，2018；Mousavi et al.，2017）也有大量关于能源消费的相关研究。在碳排放领域，de Oliveira-de Jesus（2019）比较了发电量对拉丁美洲和加勒比地区碳排放强度的影响，化石燃料发电是总碳排放强度的主要推动力。Jeong 和 Kim（2013）通过 LMDI 方法构建了 5 个驱动力因子，分析了韩国制造业温室气体排放的影响因素。西班牙、泰国、欧盟等国家和组织（Chontanawat et al.，2019；Cansino et al.，2015；Fernández et al.，2014b）也进行了一系列关于二氧化碳排放驱动力因子的研究。而在解决生态环境问题方面，目前应用较少。

国内学者对 LMDI 方法研究与探索的领域与国外相似，也是主要集中于能源消费领域和碳排放领域，在生态系统问题分析中的应用较少。徐军委（2013）基于 LMDI 方法对我国二氧化碳排放的影响因素进行了探讨，并从增强政府调控、优化产业结构和调整能源消费结构等 6 个方面对我国二氧化碳减排对策进行研究。马丽（2016）应用 LMDI 方法对我国工业污染排放影响因子进行了分析，建议从产业结构和产业链高级化方面减轻污染。章渊和吴凤平（2015）对我国工业废水排放的研究表明，技术进步对工业废水排放有负贡献，同时也是工业废水排放强度的最主要驱动力。张陈俊等（2016）对我国用水量的研究认为，技术进步比产业结构调整对降低用水量有更大的影响。彭俊铭和吴仁海（2012）对珠三角碳足迹进行了分析，结果表明经济规模增长是导致碳足迹增加的最主要驱动力。刘玉等（2014）研究了中国粮食产量增长主要受到粮食单产增加的驱动。马贤磊等（2018）分析了城镇土地利用对生态环境的影响，结果显示经济发展和土地规模扩张是城镇土地生态效应提升的主要驱动力。Liu 等（2018）应用 LMDI 方法对中国农业可持续发展进行了分析，结果表明可更新资源投入和土地利用方式是影响农业可持续发展的重要因子；Zou 等（2018）结合 SWAT（soil and water assessment tool）模型和 LMDI 方法，对干旱地区盆地灌溉需水量驱动力因子进行了探索，为指导地区农业发展提供了建议。

综上所述，LMDI 方法在解决复杂问题方面有独特的优势，并在以能源消费和碳排放为代表的领域内得到了广泛的应用。生态系统的发展问题同样非常复杂，但目前 LMDI 方法在该领域的应用很少，值得进一步探索。

五、湿地生态补偿研究进展

生态补偿萌发于 20 世纪 30 年代美国的休耕保育计划，20 世纪 60~70 年代生态经济理论和自然服务价值评估方法逐步出现，20 世纪 80 年代中后期美国将其生态补偿引入湿地领域，应用于湿地零净损失目标和湿地保护计划，主要是激励保护湿地同时控制对湿地的开发利用。Costanza 等（1997）对全球生态系统服务功能价值的研究表明，湿地生态系统每年的生态系统服务价值可达 4.88 万亿美元，每公顷生态系统服务价值为 1.48 万美元。巨大的服务价值使人们对湿地的认知逐步加深，湿地相关的生态补偿研究逐渐成为研究热点。

生态补偿（eco-compensation）在国际上普遍被称为生态系统服务付费（payment for ecosystem services，PES）或生态效益付费（payment for ecological benefit，PEB），即生态系统服务需求方与生态系统服务提供方基于平等自愿原则，以前者提供价款和后者保证生态系统服务为条件达成的交易。但在以往，生态补偿曾被简单地作为一种支付费用的行为模式，如借助政府、世界银行的资助恢复退化的生态系统。

（一）生态补偿主客体研究

理清生态补偿的主体和客体有助于提高生态补偿的准确性和效率。国外由于土地等资源的产权较明确，生态补偿较多地基于市场机制进行交易，买卖生态系统服务，其生态补偿的主体和客体相对明确，即补偿主体为服务买方，补偿客体为服务卖方。我国生态补偿秉持的原则是"谁开发谁保护，谁受益谁补偿"。但基于不同角度，学者对生态补偿主客体有各自定义。从法学角度出发，生态补偿的主体是指依照法律的规定有进行生态补偿的权利能力或负有生态补偿职责的国家、国家机关、法人、其他社会组织以及自然人。生态补偿的客体是指生态补偿法律关系主体的权利和义务所指向的共同对象。从经济学角度出发，湿地生态效益补偿主客体由补偿金征收对象和补偿金发放对象组成。补偿金征收对象即对湿地生态效益造成破坏的单位和个人。而补偿金发放对象即在湿地生态保护中做出贡献和牺牲的单位和个人，也就是为特定社会经济系统提供生态服务或由于生态环境破坏而受到影响的政府、企业和个人，具体分为直接投入者、直接受损者、机会受损者和间接受损者。从生态学角度出发，湿地生态补偿客体还有湿地生态系统本身的生态和社会服务，不仅为人类生存发展提供了大量的生产资料，也为改善生态环境和保护野生物种栖息地起着重要的作用。尽管生态系统是生态补偿的最终受益者，但不是直接受益者，需要通过人为活动间接地实现补偿效果。

（二）生态补偿标准的研究

生态补偿标准是生态补偿机制的核心内容，关系到补偿的效果和可行性。Pham等（2009）认为，最有效率的生态补偿是依据提供服务的实际机会成本确定支付标准，国内外许多学者也基于此进行了计算，哥斯达黎加生态补偿项目用造林的机会成本作为标准（Pagiola，2008），我国的草场生态补偿政策则利用牧户的放牧损失作为标准（叶晗，2014）。付意成（2013）基于生态保护成本对流域上下游不同保护目标给出了不同的生态补偿标准组合。但也有学者认为机会成本法由于补偿对象异质性及买卖双方的信息不对称两个问题，使得生态补偿的标准往往不能体现公平与效率（Ohl et al.，2008）。

确定补偿标准的另一个关键是环境服务价值评估。例如对货币支付意愿（willingness to pay，WTP）和接受意愿（willingness to accept，WTA）的度量，利用能值理论计算服务价值，还有市场价值法、替代成本法、旅行费用法等方法。如尼加拉瓜林牧业生态补偿计划，对鄱阳湖系统内部和外部的生态补偿标准进行了估算。徐大伟等（2015）对辽河流域生态补偿标准的测算结果为255.97元/(人·年)。朱红根和康兰媛（2016）对鄱阳湖退耕还湿的意愿调查测算结果为888元/(人·年)。

除此之外，还有基于环境治理与生态恢复与建设的成本投入等其他角度的生态补偿标准的估算。加拿大萨斯喀彻温省，根据不同的项目设计、目标选择和碳价，对湿地和河岸进行保护，用碳排放贡献货币成本的3%和9%，来补偿农民（Neuman and Belchèr，2011）。

（三）生态补偿方式的研究

生态补偿方式是生态系统服务功能的价值得以实现的手段，补偿途径和方式多样化是生态补偿顺利开展的基础和保障。国内外生态补偿的支付方式多种多样。

实践上既有现金补偿方式也有非现金补偿方式，例如为生态服务提供者完善交通、电力、电信等基础设施，改善相应地区的教育培训、卫生服务水平，以及在生计服务政策上的倾斜等。Asquith等（2008）的研究表明，服务提供者的补偿需求方式是不同的，面对不同的服务提供者应采取不同的补偿方式。虽然从理论上看，直接现金补偿是最优的激励方式，但实践上采用其他间接的、非现金的补偿方式更普遍，且支付条件也通常得不到严格执行。因为从心理学的角度来看，接受者通常认为非现金的补偿方式更能体现本地传统"社会市场"互惠交易的特性。Asquith等（2008）认为，当补偿数额不大时，非现金补偿方式比现金补偿方式对服务提供者产生的激励作用更明显。杨福霞和郑欣（2021）的研究表明现金补偿和技术补偿对农户绿色生产行为均产生了显著的正向促进作用，但现金补偿对年轻的激励明显，老龄组农户更偏向技术补偿。

因此学者将生态补偿方式分为以下几种类型。

（1）根据生态补偿的支付主体可分为国家补偿、区域补偿和产业补偿。在国家主导的项目性生态补偿工程中，采用的是国家补偿的方式。区域补偿目前在我国尚处于探索阶段，有一定的发展潜力，但困难在于需要区域之间的协商、谈判，交易成本较高。很多产业从改善的生态服务功能中受益，例如，湿地在修复好后可以给旅游业带来良好的形象和效益，像此类产业应当对生态服务的提供者给予补偿。

（2）根据生态补偿的支付方式可分为货币补偿、实物补偿、智力补偿、政策性补偿和项目补偿。货币补偿是最常用的补偿方式，对于受偿主体来讲也是最方便的形式，一些研究也表明，货币补偿是受偿主体最愿意接受的补偿方式。常见的形式有补偿金、税费减免或退税、开发押金、补贴、复垦费等。实物补偿，是指给予受偿主体一定的物质产品、土地使用权，以改善其生活条件，增强生产能力。智力补偿是向受偿主体提供智力服务，如生产技术咨询，增强受偿者的生产技能或提高其管理水平，为其培养输送各级各类人才等。政策性补偿，是指中央政府给予地方政府、上级政府给予下级政府或各级政府给予其管辖范围内的社会成员某些优惠政策，使受偿者在政策范围内享受优惠待遇。项目补偿，是指补偿者通过在受偿者所在地区从事一定工程项目的开发或建设等方式进行补偿，如生态移民、异地开发等。其中货币补偿和实物补偿从补偿效果上，也可以称为"输血式"补偿，其优点是可以使受偿主体拥有极大的灵活性。智力补偿和项目补偿又可称为"造血式"补偿，其优点是可以使受偿主体保持可持续发展，注重长远的效益。

（3）根据生态补偿的基金来源可分为公共财政补偿和市场机制补偿。公共财政补偿是指政府提供项目基金和直接投资的补偿支付方式。这种方式属于政府主导的补偿方式，主要通过纵向和横向财政转移支付的方式完成，在国家跨区域生态补偿方面发挥重要的作用。市场机制补偿又可以划分为自组织的私人交易、开放的市场交易、生态认证或生态标识等，典型案例有纽约市的清洁供水方案，哥斯达黎加的可认证可交易的"温室气体抵消单位"，美国湿地交易保护制度——"湿地银行"，由开发者购买替代湿地实现对开发活动带来的湿地生态损害的补偿，交易制度刺激了替代湿地的营建，保持了美国湿地数量动态的平衡。

第二节 研究区概况

一、研究区地理位置

研究区所在东北地区位于我国东北部边陲，经纬度范围为115°30′~135°06′E，38°43′~53°34′N，行政区划包括辽宁省、吉林省、黑龙江省和内蒙古自治区的四个市（盟）（呼伦贝尔市、兴安盟、通辽市、赤峰市）。东北地区东南部以图们江和鸭绿江为界，与朝鲜相邻，与日本隔海相望；东北部与俄罗斯相邻，国界线为乌苏里江、黑龙江和额尔古纳河；中西部与蒙古国毗邻，西南部则紧邻河北省和内蒙古自治区的锡林郭勒盟；南部为渤海和黄海。

二、社会经济概况

2015年东北地区总人口数量为11949.61万人，其中农业人口为4079.02万人，非农业人口为7870.59万人，城市化率为0.66。东北地区国内生产总值为63652.86亿元，其中第一产业为7549.23亿元，第二产业为27587.06亿元，第三产业为28516.57亿元。东北地区是我国重要的能源基地和粮食产地，区内石油和煤炭储量丰富，三江平原、松嫩平原和辽河平原等地是我国重要的商品粮产地，为粮食安全提供了保障。但多年来人类活动对生态系统服务功能和生态系统的可持续发展造成了影响。

三、自然条件概况

（一）地形地貌

东北地区东部、北部和西部总体上由大兴安岭、小兴安岭和长白山山脉构成的地貌框架，南部为渤海和黄海，地貌变化主要趋势是由边缘向中心逐渐过渡形成山地、丘陵和平原等地貌，区域内平均海拔为494m。

（二）主要河流

东北地区位于松辽流域内，主要河流为松花江、辽河、黑龙江、乌苏里江、嫩江、额尔古纳河、图们江和鸭绿江等，主要湖泊有兴凯湖、查干湖、达赉湖等。

地区环山的地貌和河流冲刷等条件，形成了以三江平原、松嫩平原和辽河平原为代表的平原地貌，为农业生产和沼泽湿地发育提供了有利条件。

（三）气候

东北地区属于温带大陆性气候季风气候，冬季漫长寒冷，夏季短促清凉。多年平均气温为-4～12℃，在空间分布上，温度呈现由北向南逐渐升高的趋势。长白山脉及其以南区域降水量较高，一般在 600mm 以上。西北部，特别是内蒙古自治区降水量一般在 400mm 以下。

四、湿地概况

东北地区是我国沼泽湿地分布范围最广的地区，面积为 3.96 万 km²，约占全国沼泽湿地总面积的 50%（2015 年中国土地利用现状遥感监测数据库），其主要的分布区位于三江平原、松嫩平原、辽河平原和呼伦贝尔地区。过去近百年间，特别是中华人民共和国成立以后，由于国家政策和社会经济发展的需求，大量的湿地被开垦为耕地或作为生产生活用地使用，造成了湿地面积的损失，湿地景观破碎化，生态环境恶化和生物多样性减少等一系列环境问题（毛德华等，2016；崔瀚文等，2013；中国工程院"东北水资源"项目组，2006）。随着人们对湿地研究的深入，湿地生态系统服务价值和生态系统的可持续发展开始受到社会的重视，从 20 世纪 80 年代开始，我国逐渐开始建立以自然保护区为主要方式的湿地保护措施，东北地区共有国家级湿地保护区约 42 个，其中 13 块湿地被国际湿地公约组织列入《国际重要湿地名录》，其他省级、市级和县级湿地保护区约有 173 个（《2015 年全国自然保护区名录》）。2000 年之后，为了进一步加强湿地的保护和恢复，国务院批复了《全国湿地保护工程规划》，并在此后每五年制定全国湿地保护实施规划，其中东北地区是湿地恢复的重点地区之一。湿地在破坏和恢复的过程中，明确其可持续发展和生态系统服务价值的变化对深入了解湿地生态系统发展有重要意义。

第三节 数据基础

一、土地利用数据

从整个区域和长远的角度来看，湿地和其他土地的利用类型一直在相互转化，因此本书将 1980 年、1990 年、1995 年、2000 年、2005 年、2010 年和 2015 年中国东北地区的天然湿地、天然湿地转化的非天然湿地、非天然湿地转化的天然湿地作为研究区，并将三者组成的系统作为广义上湿地生态系统。其中，天然湿地土地利用类型包括沼泽湿地、洪泛湿地、湖泊湿地、河流湿地、滩涂湿地，非天然湿地土地利用类型包括库塘、农田（水田、旱田）、林地、草地、城镇居住及建设用地和其他未利用地。研究区范围通过 ArcGIS 软件提取，简要步骤如下：

（1）将各期栅格数据转为矢量数据；

（2）根据土地利用代码提取天然湿地；

（3）将七期天然湿地矢量图层合并，获取的范围即为研究区范围；

（4）用研究区范围矢量图层切割原始土地利用矢量数据，获取研究区不同时期的土地利用数据。

经提取分析，研究区总面积为 $1.34×10^5 km^2$，约占中国东北总土地面积的十分之一。

研究区土地利用数据来源于中国科学院资源环境科学与数据中心，该数据是在国家科技支撑计划、中国科学院知识创新工程重要方向项目等多项重大科技项目的支持下经过多年的积累而建立的覆盖全国陆地区域的多时相土地利用现状数据库。土地利用数据分辨率为 1km×1km，土地利用分类参考中国土地利用现状遥感监测数据库土地利用分类系统和《湿地分类》（GB/T 24708—2009），结合研究区土地利用具体情况，本书制定了研究区的土地利用分类方案（表 1-1）。

表 1-1 研究区土地利用分类方案

一级分类	二级分类	三级分类	分类依据
天然湿地	自然湿地	沼泽湿地	地势平坦低洼，长期潮湿，季节性积水或常年积水，表层生长湿生植物的区域
		洪泛湿地	在丰水季节包括洪水泛滥的洪泛、河心洲、河谷和季节性泛滥的草地
		湖泊湿地	包括漫滩湖泊和浅滩，以水面为主
		河流湿地	常年有水或间歇性有水流动的河流，包括人工开挖的河渠
		滩涂湿地	指沿海大潮高潮位与低潮位之间的潮浸地带
非天然湿地	人工湿地	库塘	人工修筑的具有蓄水功能的建筑，包括水库、池塘、渔业养殖塘等
		水田	种植水稻田的田地
	非湿地	旱田	种植旱作物的田地
		林地	生长有乔木、灌木的林业用地
		草地	生长草本植被的各类草地
		城镇居住及建设用地	城镇、乡村居住用地；道路、矿山、企业等生产用地
		其他	植被覆盖度低于5%的区域，包括沙地、裸地等

注：土地利用处理过程中出现的小于 $0.001km^2$ 的细小图斑在最终结果中不计入图斑数量

二、能值计算基础数据

　　系统能值分析包括四个部分，分别为系统可更新资源投入、系统不可更新资源投入、系统外部资源投入和系统产出（图 1-1）。由于本书中涉及的计算较为复杂，因此数据来源于不同的资料。气象数据来源于中国气象数据网；水资源数据来源于松辽水资源公报；社会经济数据以及研究区内投入的机械、肥料和人力等数据来源于各地区统计年鉴；湿地保护投入主要来源于全国湿地保护工程实施规划等湿地相关规划。由于研究区的特殊性和早期资料的缺失，本书参考其他学者的研究对部分数据进行了估算（Zhong et al.，2018；Wang et al.，2018；Liu et al.，2011），具体的数据处理见附录 B，各类数据来源详见表 1-2。需要注意的是由于研究领域的范围广且难以收集全面的数据，因此估算值可能会导致最终结果的不确定性。但是，由于这项研究是一项长期的、大规模的宏观趋势分析，因此平均值带来的不确定性是有限的，并不会对结果产生重大影响。

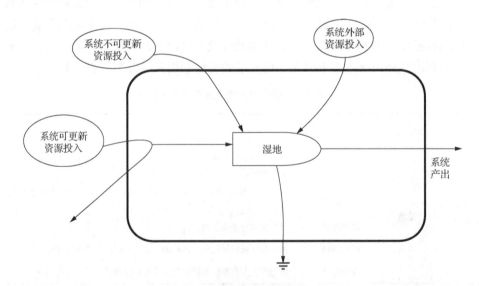

图 1-1　系统能值分析简图

表 1-2　数据来源

序号	数据名称	数据来源
1	降水量	
2	风速	中国气象数据网
3	太阳辐射	

续表

序号	数据名称	数据来源
4	水资源数据	松辽水资源公报 2000—2015
5	GDP	黑龙江省统计年鉴 1991/1996/2001/2006/2011/2016
6	人口	吉林省统计年鉴 1991/1996/2001/2006/2011/2016
7	粮食产量	辽宁省统计年鉴 1991/1996/2001/2006/2011/2016
8	渔业产量	内蒙古自治区统计年鉴 1991/1996/2001/2006/2011/2016
9	芦苇产量	辉煌的 50 年（1947—1997）（内蒙古自治区统计年鉴）
10	旅游收入	中国旅游年鉴
11	湿地保护投入	全国湿地保护工程实施规划 辽河流域水污染防治规划 松花江流域水污染防治规划 国家重点流域水污染防治战略规划
12	能值转换率	http://www.emergy-nead.com/home/news1

注：近期统计年鉴中包含早期数据，即 1980 年信息可以在近期统计年鉴中获取

第二章　湿地生态系统土地利用变化特征

过去几十年间东北地区湿地面积遭受了较大损失，一方面，天然湿地主要受人类活动影响转变为非天然湿地（崔瀚文等，2013），另一方面随着政府和社会对湿地价值的认可和重视，我国实施了建立湿地保护区（臧正等，2014）、退耕还湿（刘兆宁等，2019）和湿地生态补偿（Han and Yu，2016）等湿地保护和恢复政策，扩大了天然湿地的面积。本章基于提取的1980～2015年7期东北地区土地利用信息，对东北地区湿地生态系统的土地利用变化特征进行分析，为分析湿地生态系统可持续发展和生态系统服务价值变化特征提供数据基础。

第一节　湿地生态系统空间分布及面积变化特征

基于提取的研究区土地利用信息，绘制了1980～2015年东北地区湿地的空间分布图。如图2-1所示，湿地在东北境内普遍分布，集中分布明显的区域主要位于三江平原、松嫩平原、呼伦贝尔草原和辽河三角洲。对土地利用数据的统计结果显示（图2-1），东北地区天然湿地面积呈持续减少趋势，并在2010年之后面积减少至生态系统总面积的50%以下，非天然湿地成为系统内的主要土地利用类型，并且集中分布区域也是天然湿地和非天然湿地土地利用转换最剧烈的区域。

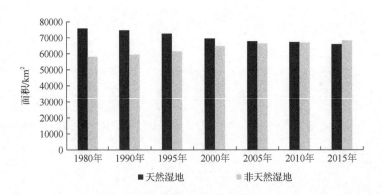

图2-1　湿地生态系统面积变化

第二节 天然湿地土地利用变化特征

一、面积变化特征

基于土地利用信息对天然湿地面积变化的分析表明（图 2-2），沼泽湿地是最主要的天然湿地类型，其次为洪泛湿地、湖泊湿地、河流湿地和滩涂湿地。随着人为活动和自然因素的变化，东北地区天然湿地面积从 1980 年的 75832.97km^2，到 2015 年减少为 65850.85km^2，损失了 9982.12km^2，面积损失率为 13.16%。其中不同类型的天然湿地受损程度有所不同。

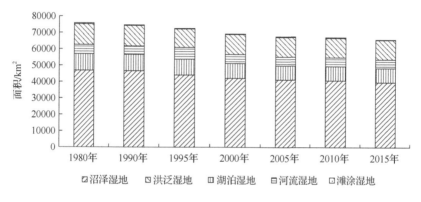

图 2-2 天然湿地面积变化

（一）沼泽湿地

沼泽湿地是天然湿地中面积最大的湿地类型，也是面积损失最大的类型，在研究时段损失了 7228.41km^2，面积损失率为 15.43%，占天然湿地面积减少的 72.41%。对湿地生态系统的土地利用分析可知，沼泽湿地转出为其他土地利用类型的面积中，耕地（水田、旱田）是沼泽湿地土地利用转换的主要方向，占沼泽湿地转出面积的 50.29%，其次为林地和草地，占沼泽湿地转出面积的 38.65%；在转为沼泽湿地的土地利用类型中，面积主要来源为林地和草地，占沼泽湿地面积转入的 57.4%，其次为耕地，占比为 28.26%。这也表明了沼泽湿地受农业发展的影响较大（图 2-3）。

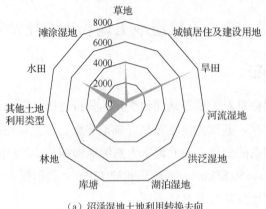

（a）沼泽湿地土地利用转换去向

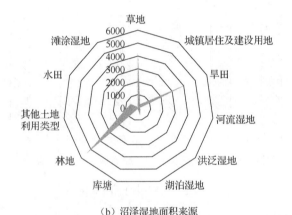

（b）沼泽湿地面积来源

图 2-3　1980～2015 年沼泽湿地土地利用转换（单位：km²）

（二）洪泛湿地

洪泛湿地面积在所有天然湿地类型中仅次于沼泽湿地（图 2-4），在研究时段内面积损失了 949.36km²，面积损失率为 7.47%，占天然湿地面积减少的 9.51%。由图 2-4 统计可知，洪泛湿地面积转出的最主要方向是耕地，占总转出面积的 49.54%，其次为河流、林地和草地，占总转出面积的 37.53%。在洪泛湿地转入的面积当中，最大的来源为耕地，占总转入面积的 43.2%，其次为河流、林地和草地，占比为 40.98%。

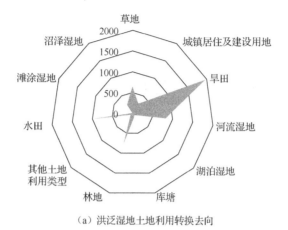

（a）洪泛湿地土地利用转换去向

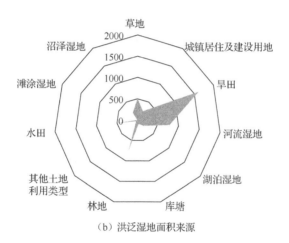

（b）洪泛湿地面积来源

图 2-4　1980～2015 年洪泛湿地土地利用转换（单位：km²）

（三）湖泊湿地

湖泊湿地在 35 年间面积损失了 1323.68km²，仅次于沼泽湿地，面积损失率为 13.06%，占天然湿地面积减少的 13.26%。由图 2-5 对湖泊湿地土地利用转换的分析可知，湖泊湿地土地利用转出的主要方向分别为草地、旱田、其他土地利用类型和沼泽湿地，转入的主要来源分别为草地、其他土地利用类型、旱田和沼泽湿地。可以明显地看出，湖泊湿地和草地之间的土地利用转换比较强烈。

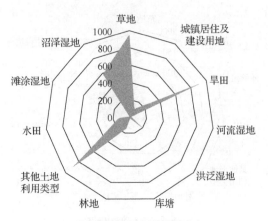

（a）湖泊湿地土地利用转换去向

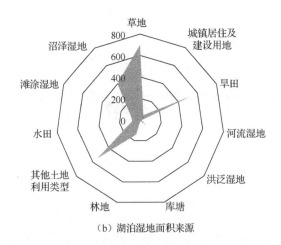

（b）湖泊湿地面积来源

图 2-5　1980～2015 年湖泊湿地土地利用转换（单位：km²）

（四）河流湿地

河流湿地是面积受损最小的天然湿地类型，在研究时段内面积损失了 188.93km²，面积损失率为 3.39%，占天然湿地面积减少的 1.89%。由图 2-6 统计分析可知，耕地、林地和洪泛湿地是河流湿地土地利用转出的主要方向，合计占总转出面积的 71.87%；在转变为河流湿地的面积中，耕地、林地和洪泛湿地也是主要的来源，合计占总转入面积的 76.47%。这表明，河流湿地与耕地、林地和洪泛湿地之间的土地利用转换较强烈。

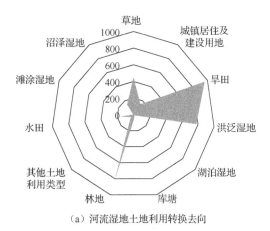

（a）河流湿地土地利用转换去向

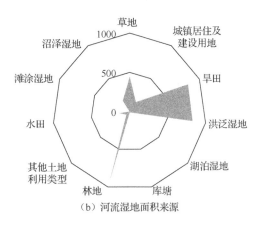

（b）河流湿地面积来源

图 2-6　1980～2015 年河流湿地土地利用转换（单位：km^2）

（五）滩涂湿地

滩涂湿地在所有天然湿地类型中面积占比最小，在 35 年间面积共减少了 291.74km^2，但其面积损失率最大，达到 51.05%，占天然湿地面积减少的 2.92%。由图 2-7 统计分析可知，滩涂湿地转出的主要方向为库塘和湖泊湿地，分别占转出总面积的 31.48%和 26.65%；滩涂湿地面积的最大来源则是沼泽湿地和耕地，分别占转入总面积的 55.13%和 14.86%。

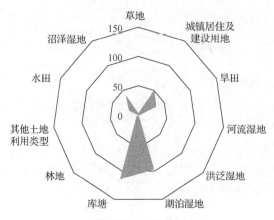

（a）滩涂湿地土地利用转换去向

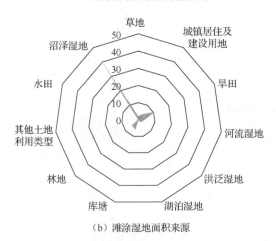

（b）滩涂湿地面积来源

图 2-7　1980～2015 年滩涂湿地土地利用转换（单位：km²）

二、斑块变化特征

如图 2-8 所示，天然湿地斑块数量整体呈减少趋势，由 20085 块减少至 19255 块，其变化可分为四个阶段：1980～1990 年斑块数量减少了 519 个，沼泽湿地和河流湿地是斑块数量减少的主要贡献者；1990～1995 年斑块数量微弱增加，数量为 83 个，主要来自于河流湿地和湖泊湿地，沼泽湿地仍在大幅减少，在此期间斑块数量减少了 380 个；1995～2000 年，总斑块数量再次减少，主要来源于湖泊湿地、河流湿地和洪泛湿地，沼泽湿地斑块数量则开始出现增加；2005～2015 年，天然湿地斑块总数呈缓慢上升趋势，共增加了 223 块，主要贡献来自于沼泽湿地。这主要是因为 2000 年后国家加强了湿地资源的重视程度，制定和实施了全国湿地保护规划。

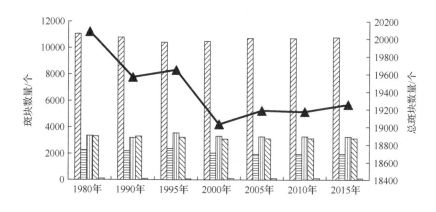

图 2-8　天然湿地斑块数量

景观破碎度是指景观斑块数量与景观面积的比值，由图 2-9 可以明显看出，天然湿地景观破碎度在 1990 年之后呈逐年上升趋势，由 0.265 个/km² 上升至 0.292 个/km²。其中滩涂湿地景观破碎度增长明显，其他类型天然湿地景观破碎度相对变化不大。该结果表明，滩涂湿地受到的干扰剧烈，由前文对土地利用面积的分析可知，养殖渔业是滩涂面积和景观变化的主要因素。其他类型天然湿地的变化说明，天然湿地斑块正在由大斑块向小斑块发展，其发展空间逐步受到压缩。

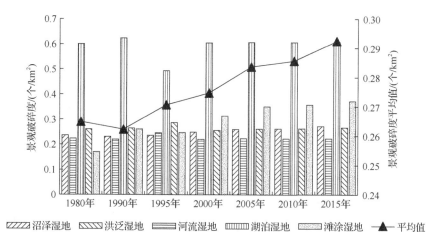

图 2-9　天然湿地景观破碎度

第三节　非天然湿地土地利用变化特征

一、面积变化特征

如图 2-10 所示，非天然湿地面积呈持续增加趋势，在 35 年间由 58115.17km^2 增长至 68097.29km^2，面积增加了 17.18%，在整个湿地生态系统中的面积占比也由 43.39% 增长至 50.84%，成为该系统中主要的土地利用类型。其中，林地和草地面积有所减少，其余非天然湿地类型面积增加。对不同土地利用类型面积的分析如下。

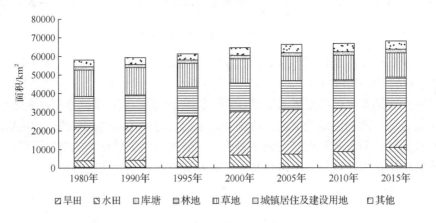

图 2-10　非天然湿地面积变化

（一）耕地

耕地是非天然湿地中面积最大的土地利用类型，由旱田和水田两部分组成，耕地面积逐年增加，从 21524.37km^2 增加至 32771.42km^2，增长率为 52.25%。

1. 旱田

旱田在非天然湿地面积中占比最大，并且面积呈逐年增大趋势，由 18043.86km^2 增长至 22621.74km^2，增长率为 25.37%。由图 2-11 分析可知，旱田面积的最人来源为沼泽湿地，占转入总面积的 46.53%，其次为洪泛湿地、草地和林地，合计占比为 33.29%；旱田面积转出的主要方向是沼泽湿地、水田和洪泛湿地，占转出面积的比例分别为 37.01%、15% 和 14.53%。

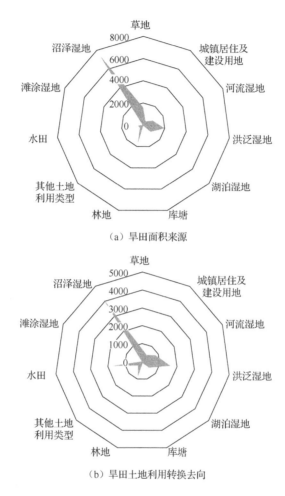

（a）旱田面积来源

（b）旱田土地利用转换去向

图 2-11　1980～2015 年旱田土地利用转换（单位：km²）

2. 水田

水田面积呈逐年增大趋势，由 3480.51km² 增长至 10149.69km²，增长率为 191.61%。由图 2-12 分析可知，水田面积的最大来源为沼泽湿地，占转入总面积的 54.66%，其次为旱田和洪泛湿地，占比分别为 19%和 10.99%；水田面积转出的主要方向是沼泽湿地、洪泛湿地和旱田，占转出面积的比例分别为 31.16%、25.38%和 22.13%。

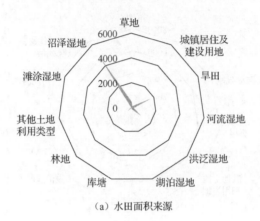

（a）水田面积来源

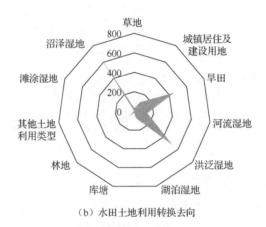

（b）水田土地利用转换去向

图 2-12　1980～2015 年水田土地利用转换（单位：km²）

（二）库塘

库塘面积从 410.88km² 增加至 809.86km²，增长率为 97.11%。由图 2-13 分析可知，库塘面积的主要来源为沼泽湿地、滩涂湿地和洪泛湿地，三者在库塘总转入面积中占比合计为 61.62%；库塘转出的面积中，沼泽湿地和洪泛湿地是主要的方向，两者在总转出面积中共占 66.31%。

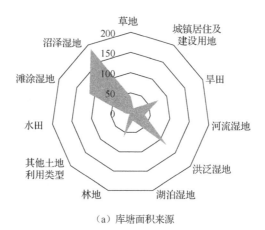

（a）库塘面积来源

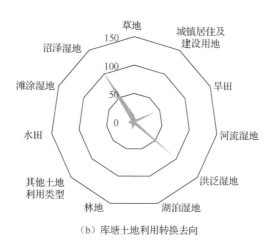

（b）库塘土地利用转换去向

图 2-13 1980～2015 年库塘土地利用转换（单位：km²）

（三）林地

林地是非天然湿地中面积减少最多的土地利用类型，从 16436.18km² 减少至 15088.24km²，减少了 8.20%。由图 2-14 分析可知，林地面积的最大来源为沼泽湿地，占总转入面积的 58.57%，其次为耕地、草地、河流湿地和洪泛湿地，合计占比为 38.28%。林地面积转出的主要方向为沼泽湿地，占总转出面积的 54.20%，其次为耕地，占总转出面积的 20.01%。从分析结果可以明显看出，林地和沼泽湿地之间的土地利用转换较为强烈。

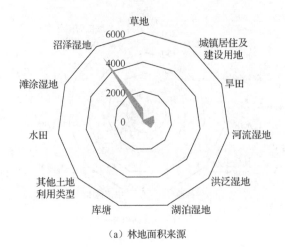

（a）林地面积来源

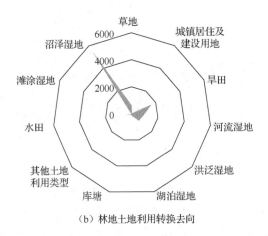

（b）林地土地利用转换去向

图 2-14　1980～2015 年林地土地利用转换（单位：km²）

（四）草地

草地面积从 14337.64km² 减少至 13090.97km²，减少了 8.70%。由图 2-15 分析可知，草地面积的最大来源为沼泽湿地，占总转入面积的 51.46%，其次为湖泊湿地、林地、耕地和洪泛湿地，合计占比为 36.26%。草地面积转出的主要方向为沼泽湿地，占总转出面积的 44.3%，其次为耕地和林地，占总转出面积的 31.13%。从分析结果可以明显看出，草地和沼泽湿地之间的土地利用转换较为强烈。

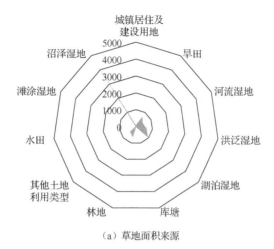

（a）草地面积来源

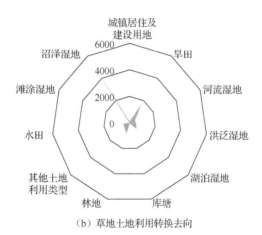

（b）草地土地利用转换去向

图 2-15　1980～2015 年草地土地利用转换（单位：km²）

（五）城镇居住及建设用地

城镇居住及建设用地是非天然湿地中面积变化最小的土地利用类型，由 1653.85km² 增加至 1975.12km²，增长率为 19.43%。由图 2-16 可知，城镇居住及建设用地面积的主要来源为沼泽湿地、耕地和洪泛湿地，共占转入面积的 70.83%。同时，耕地、沼泽湿地和洪泛湿地也是该土地利用类型面积转出的主要方向，占转出总面积的 64.07%。这表明，城镇居住及建设用地与三者之间的相互转换较为强烈。

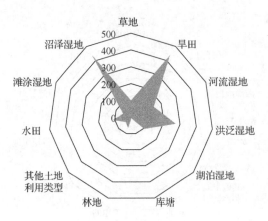

（a）城镇居住及建设用地面积来源

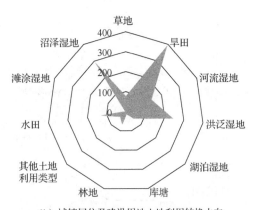

（b）城镇居住及建设用地土地利用转换去向

图 2-16　1980～2015 年城镇居住及建设用地土地利用转换（单位：km²）

（六）其他土地利用类型

　　其他土地利用类型包括沙地、盐碱地和裸地等，面积从 3752.24km² 增加至 4361.67km²，增长率为 16.24%。由图 2-17 分析可知，其他土地利用类型面积的主要来源为沼泽湿地、湖泊湿地和草地，合计占转入总面积的 84.16%；其转出的主要方向为沼泽湿地、湖泊湿地和草地，合计占转出总面积的 77.07%，耕地也是其转出的重要方向，占转出总面积的 15.83%。

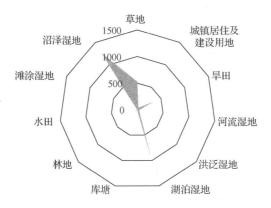

（a）其他土地利用面积来源

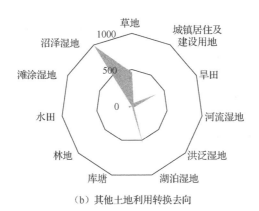

（b）其他土地利用转换去向

图 2-17　1980～2015 年其他土地利用转换（单位：km²）

二、斑块变化特征

如图 2-18 所示，非天然湿地斑块数量整体呈增加趋势，由 28616 块增长至 31713 块，其中 1990 年斑块数量经历了较大的增长，到 1995 年又有所回落，主要贡献来自于草地、林地和耕地。结合对天然湿地斑块数量的统计结果表明，在 1980～1995 年天然湿地和非天然湿地之间发生了比较强烈的土地利用转换。1995 年之后，非天然湿地斑块数量呈缓慢增长趋势，主要的增长来源为耕地，该结果表明，耕地对天然湿地造成了较大影响。

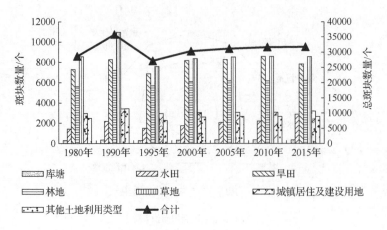

图 2-18　非天然湿地斑块数量

如图 2-19 所示，非天然湿地景观破碎度总体呈现下降趋势，由 0.492 个/km² 降至 0.466 个/km²。城镇居住及建设用地是景观破碎度最大的土地利用类型，这主要是因为居住用地和工业生产用地面积相对其他自然景观小且分散有关。库塘和耕地的景观破碎度总体呈减小趋势，该结果表明以人工控制为主的土地利用类型越来越集约化、规模化。林地、草地和其他土地利用类型的景观破碎度变化不大，较为稳定。

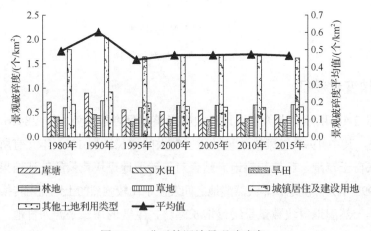

图 2-19　非天然湿地景观破碎度

第四节　讨　　论

本节分析了东北地区 1980～2015 年的湿地生态系统空间分布和土地利用变化情况，完成了 7 个时期湿地生态系统分布制图和土地利用信息的提取。分析结果显示，天然湿地面积损失较大，转向了以耕地为主的非天然湿地。其中，沼泽湿地和耕地是面积变化较大的两个土地利用类型，滩涂和库塘则是变化较剧烈的土地利用类型，表明天然湿地受到人为活动因素的干扰严重。在斑块变化方面，天然湿地发展空间逐步被压缩，朝破碎和退化方向发展，尤其是沼泽湿地和滩涂湿地表现明显；非天然湿地朝着集中化趋势发展，主要集中于耕地和库塘。

东北地区作为我国重要的湿地分布区，一直以来受到了较多的关注，对湿地生态系统开展了诸多研究。例如，农业开垦对湿地面积损失造成的直接影响（王宗明等，2009），农业耕作投入农药等对湿地生态系统造成的环境压力（黎冰等，2013），水产养殖对滩涂湿地的占用以及对水体造成的环境压力（罗西玲等，2016；康婧等，2017），以及气候变化等自然因素导致的湖泊萎缩、湿地退化等（韩立亮，2019；李宁等，2014）。总而言之，随着越来越多的因素介入湿地生态系统当中，系统内的土地利用方式发生改变，湿地生态系统景观格局的变化反映了系统受到了强烈的干扰，随着干扰的影响越来越大，生态系统内不同能量和物质的交换也变得更加复杂，进而对湿地的可持续发展和湿地生态系统服务造成影响。

第五节　本 章 小 结

基于提取的湿地生态系统土地利用数据，本章分别对天然湿地和非天然湿地的时空分布特征进行了分析。为后续湿地生态系统的能值框架及能值流动分析、生态系统服务价值估算奠定了数据基础。本章总结如下。

（1）基于土地利用基础数据，绘制了东北地区湿地生态系统分布区域，结果显示东北地区湿地生态系统主要分布在三江平原、松嫩平原、呼伦贝尔草原和辽河三角洲。

（2）基于土地利用成果的统计分析结果显示，1980～2015 年东北地区天然湿地面积损失了 13.16%，转向了以耕地为主的非天然湿地，并导致在整个湿地生态系统中的面积比例在 2010 年之后降为 50%以下，促使非天然湿地成为生态系统中的主要土地利用类型。

（3）东北地区湿地生态系统中，天然湿地斑块数量总体减少了 830 个，其中沼泽湿地和湖泊湿地减少较多，滩涂湿地是唯一斑块数量增加的天然湿地类型。非天然湿地斑块增加了 3097 个，其中耕地斑块增加数量最多，为 2002 个。表明人为活动对天然湿地造成了较大的影响。

（4）对景观破碎度的分析结果显示，天然湿地景观破碎度呈上升趋势，天然湿地发展总体朝破碎化和退化趋势发展，特别是滩涂湿地表现明显；非天然湿地景观破碎度虽然整体发展趋势变化不大，但结合斑块数量和面积变化，非天然湿地朝着大面积斑块和集中化趋势发展。

第三章 基于能值的湿地生态系统可持续发展变化特征

能值理论通过核算能量、物质和信息的能值流动对生态系统和社会经济系统进行分析和评价（Odum，1996）。随着湿地生态系统内土地利用发生变化，更多的干扰因素参与系统的运行，导致系统内能量和物质的交换变得更加复杂，对系统的可持续发展造成干扰，并影响生态系统服务价值的产出。本章基于土地利用数据以及整理的研究区自然和社会经济资料，构建湿地生态系统能值框架，对湿地生态系统的能值流动以及可持续发展进行评价。

第一节 湿地生态系统能值分析

一、能值分析图的绘制

能值分析的首要步骤是确定系统的边界并绘制系统的能值分析图，通过Odum创立的"能量系统符号语言"，系统与外部环境、系统自身内部的能量、物质和信息的流动都得到了清晰的表述（图3-1）。图中，大矩形代表了研究区的边界，右上角的小矩形代表人类社会系统。系统内的组成，由于土地利用变化，包括了天然湿地、耕地、林地、草地、水资源、水产业等。通常，驱动此类系统的元素可以分为三种类型：可更新资源，例如阳光、风等；不可更新资源，例如底泥和沉积物；外部资源投入，通常来自人类外部资源，例如化肥、机械设备、劳动力等。在系统的最右侧则为生态系统的产出，包括直接的经济产出和生态系统服务价值产出。各组分之间的关系用线和箭头表示。其中，实线表示能量流、物质流和信息流等生态流的流动路线和方向；虚线表示货币流，即人类社会投入系统的货币，详见图3-1。

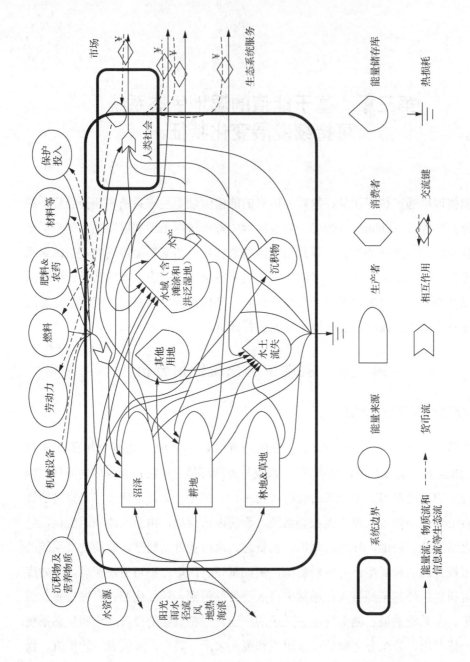

图 3-1　东北地区湿地生态系统能值分析图

二、能值计算

在能值分析图完成后，对生态系统能值计算涉及的各项基础数据进行收集和整理。一般包括太阳辐射、降水量、风速等自然要素，化肥、机械设备、劳动力等社会经济要素。之后，将这些数据通过各自的能值转换率转换为能值单位（式（3-1）），为后续分析奠定基础。

不同能量、物质和信息的能值转换计算公式：

$$E = \sum(f_i \times \mathrm{UEV}_i)，\quad i = 1,2,\cdots,n \tag{3-1}$$

式中，E 代表能值；f_i 代表第 i 项物质流、信息流或能量流；UEV_i 代表第 i 项物质流、信息流或能量流的能值转换率，能值转换率用以表示能量等级系统中不同类别能量的能质，就是每单位某种能量类别的能量（单位为 J）或物质（单位为 g）所含能值的量。实际中使用太阳能值转换率，即单位能量或物质所含的太阳能值（solar emergy），单位为 sej/J 或 sej/g。根据能值理论，将太阳光的能值转换率定为 1sej/J。各项要素详细的能值计算过程见附录 B.1。

三、能值分析表的编制

基于能值分析图和整理的基础数据，计算生态系统各项能量投入的能值，并将各项要素归纳分类，分别为可更新资源投入、不可更新资源投入、外部资源投入和经济产出（表 3-1）。

表 3-1　东北地区湿地生态系统能值分析

要素	项目	1980 年	1990 年	1995 年	2000 年	2005 年	2010 年	2015 年
可更新资源投入	太阳辐射/×10²⁰sej	3.91	4.12	4.31	4.29	4.12	4.21	4.31
	风能/×10²⁰sej	33.81	23.17	21.37	17.64	17.59	15.78	18.76
	雨水化学能/×10²⁰sej	17.03	20.86	19.32	15.20	19.18	22.46	17.98
	径流化学能/×10²⁰sej	17.27	21.16	19.60	15.41	19.45	22.78	18.23
	径流势能/×10²⁰sej	10.00	12.25	11.35	8.92	11.26	13.19	10.56
	地热能/×10²⁰sej	1.23	1.23	1.23	1.23	1.23	1.23	1.23
	海浪能/×10²⁰sej	5.15	5.15	5.15	5.15	5.15	5.15	5.15
不可更新资源投入	沉积物/×10²⁰sej	98.19	96.61	93.99	89.70	87.58	86.92	85.27
	水资源/×10²⁰sej	0.79	0.97	0.90	1.15	0.79	0.46	0.88
	水土流失/×10²⁰sej	1.29	1.31	1.28	1.39	1.43	1.42	1.39
外部资源投入	农业劳动力投入/×10²⁰sej	4.50	5.02	5.98	7.92	8.43	8.71	9.09
	芦苇产业劳动力投入/×10²⁰sej	0.50	0.29	0.25	0.01	0.01	0.03	0.04
	水产业劳动力投入/×10²⁰sej	0.23	0.78	1.64	2.58	2.62	3.06	3.74
	种苗（农业）/×10²⁰sej	14.68	15.01	18.54	20.09	20.96	21.28	22.35
	鱼苗（水产业）/×10²⁰sej	0.41	0.60	5.28	9.53	13.68	17.04	22.10
	饵料（水产业）/×10²⁰sej	0.41	0.59	5.26	9.50	13.63	16.97	22.02

续表

要素	项目	1980 年	1990 年	1995 年	2000 年	2005 年	2010 年	2015 年
外部资源投入	网箱（水产业）/×10²⁰sej	0.03	0.05	0.45	0.80	1.15	1.44	1.86
	竹竿（水产业）/×10²⁰sej	0.08	0.12	1.03	1.86	2.67	3.32	4.31
	农业机械投入/×10²⁰sej	0.26	0.35	0.44	0.66	1.35	1.79	2.47
	芦苇产业机械投入/×10²⁰sej	0.00	0.00	0.00	0.07	0.06	0.06	0.05
	水产业机械投入/×10²⁰sej	0.00	0.01	0.05	0.09	0.12	0.15	0.20
	农业燃料投入/×10²⁰sej	3.51	6.38	6.40	8.12	10.51	13.64	16.03
	渔业燃料投入/×10²⁰sej	0.05	0.14	0.37	0.60	0.68	0.81	1.01
	氮肥投入/×10²⁰sej	7.82	9.29	12.73	13.55	13.38	15.00	15.96
	磷肥投入/×10²⁰sej	1.76	1.91	2.71	2.88	3.31	3.97	4.44
	钾肥投入/×10²⁰sej	0.07	0.08	0.25	0.51	0.68	0.95	1.17
	复合肥投入/×10²⁰sej	1.37	1.61	2.80	3.58	5.83	8.43	12.26
	农药投入/×10²⁰sej	0.25	0.32	0.47	0.76	1.31	2.04	2.38
	湿地保护性投入/×10²⁰sej	0.92	0.30	0.10	7.56	9.33	10.26	16.02
经济产出	水产品产出/亿元	0.65	3.44	12.28	13.86	21.77	43.64	75.28
	粮食产出/亿元	11.43	34.42	89.85	103.22	164.97	302.77	584.15
	芦苇产出/亿元	0.03	0.08	0.08	0.35	0.65	0.63	0.55
可更新资源投入合计 R/×10²⁰sej		78.40	75.70	70.98	58.92	66.72	71.62	65.66
不可更新资源投入合计 N/×10²⁰sej		100.27	98.88	96.17	92.24	89.80	88.79	87.53
外部资源投入合计 F/×10²⁰sej		36.86	42.85	64.75	90.69	109.73	128.93	157.50
系统总能值投入 W/×10²⁰sej		215.53	217.43	231.90	241.85	266.26	289.34	310.69
系统直接经济产出 Y/亿元		12.11	37.93	102.22	117.44	187.39	347.04	659.98

注：为了避免重复计算，可更新资源投入中，径流化学能和径流势能只计算较大的值

第二节　湿地生态系统能值流变化特征

一、总能值流变化特征

如图 3-2 所示，湿地生态系统投入的总能值（$W = R + N + F$）增加了 44.15%，从 1980 年的 215.53×10²⁰sej 增至 2015 年的 310.69×10²⁰sej。从中可以较为明显地看出，总投入能值的增加主要是因为外部资源投入的显著增多导致的，该项投入在 35 年间增加了 120.64×10²⁰sej，增长率高达 327.29%。这也导致了它在总投入能值中所占比例分别在 2000 年和 2005 年后超过可更新资源投入和不可更新资源投入，由 17.10% 增长至 50.69%，成为系统中能值占比最大的部分。由于这部分能值的大量投入，湿地生态系统的直接经济产出从 12.11 亿元扩大至 659.98 亿元，扩大了约 55 倍。

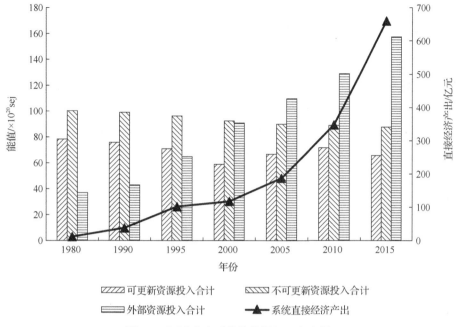

图 3-2　湿地生态系统能值投入及产出图

二、可更新资源变化特征

由图 3-3 可知，风能、雨水化学能和径流化学能是可更新资源投入中主要的能值流，易受风速和降雨的影响。可更新资源投入的整体发展呈现波动下降趋势，最低值出现在 2000 年，为 58.92×10^{20} sej。随着该项能值的整体减少趋势，以及外部资源投入的增长，导致其在总投入能值中所占比例从 36.38% 降至 21.13%，成为最小的一项。

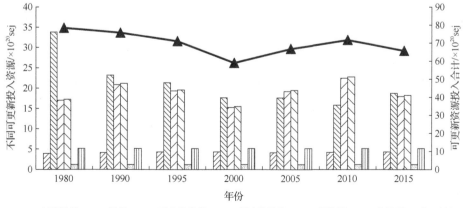

图 3-3　湿地生态系统可更新资源投入能值变化

三、不可更新资源变化特征

如图 3-4 所示，不可更新资源投入中，沉积物和营养物质是主要的能值流，在不可更新资源投入中占比在 97% 以上。然而，随着湿地面积的萎缩减少，该项能值从 100.27×10^{20}sej 下降到 87.53×10^{20}sej。随着外部资源投入的迅速增长，导致了不可更新资源投入能值在总投入能值中的比例从 46.52% 将至 28.17%，并在 2005 年后被外部资源投入超越，成为系统中的第二大能值流。

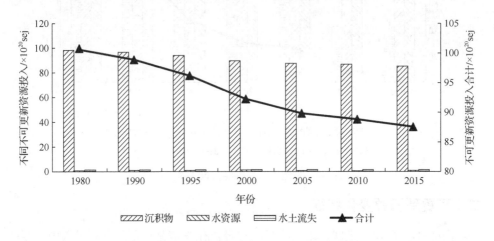

图 3-4　湿地生态系统不可更新资源投入能值变化

四、外部资源变化特征

如图 3-5 所示，湿地生态系统外部资源投入在 35 年间由 36.86×10^{20}sej 增长至 157.50×10^{20}sej，增长显著。该部分能值主要由四部分组成，分别为政府的湿地保护性投入、农业生产耕作所需的投入、水产业生产所需的投入和芦苇产业生产所需的投入。其中，农业耕作生产所需的投入是最大的外部资源投入来源，并且逐年增加，由 34.22×10^{20}sej 增长至 86.15×10^{20}sej，增长率为 151.75%。然而，随着水产业发展和对湿地保护投入的增加，该项投入在总的外部资源投入中所占比例由 92.84% 降至 54.70%；水产业生产所需的投入是能值投入增长最显著的部分，由 1.21×10^{20}sej 增长至 55.23×10^{20}sej，增长率高达 4464.46%；政府保护投入增加也十分显著，由 0.92×10^{20}sej 增长至 16.02×10^{20}sej，增长率达 1641.30%，仅次于水产业；芦苇产业生产所需的投入的外部资源能值投入占比很小，不足 1%，对外部资源投入的影响不大。

在更细化的外部资源投入中（图 3-6），农业生产所需的种苗、水产业所需的鱼苗和饵料投入占外部资源投入的 37.81%～44.91%，构成了外部资源投入的主要

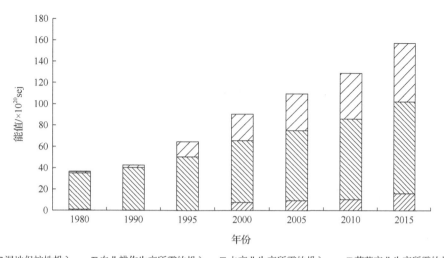

图 3-5　湿地生态系统外部投入能值构成

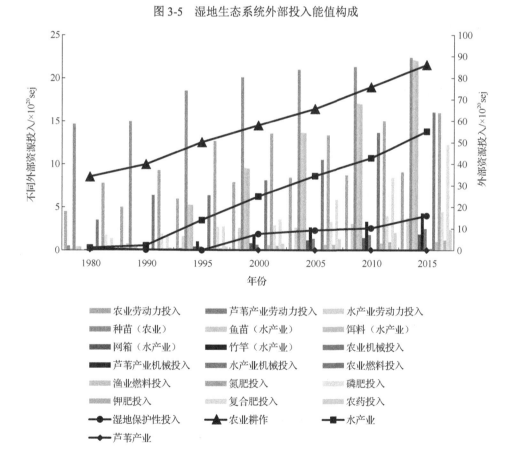

图 3-6　湿地生态系统外部资源投入能值变化（请扫封底二维码查看彩图）

部分。其次为农业生产投入的化学肥料和农药，在外部资源投入中占比在22.98%～30.81%。农业生产所需的燃料投入也是重要的外部投入，占比为9.53%～14.90%。湿地保护性投入则在2000年之后保持在7.95%～10.17%。其他投入在外部资源投入中合计占比在14.45%～16.09%。

五、讨论

本节基于能值方法构建了湿地生态系统的能值框架，并对能值流变化特征进行了分析。结果表明，湿地生态系统的外部资源投入增长显著，并替代不可更新资源投入成为生态系统中最重要的能值流，推动生态系统的直接经济产出出现巨大增长。

随着湿地土地利用方式的变化，越来越多的人类活动干扰了湿地的发展，使物质和能量的交换变得多样化。能值方法能够将这些不同类别的能量、物质和信息都整合到统一的能值框架当中，使其得以在同一维度内进行定量的评估和分析（Brown and Herendeen，1996）。本书中，驱动湿地生态系统发展的要素种类包括具有能量属性的太阳能、风能等，具有物质属性的机械设备、化石燃料和化学肥料等，具有信息属性的管理服务。在将它们转化为能值单位后，湿地生态系统的能值流动得到了更清晰的表述。为后续湿地生态系统可持续发展评价和生态系统服务价值评估提供了方法和数据基础。

此外，为了简化计算，本书主要考虑了耕地和水产养殖的外部资源投入，而忽略了其他土地利用类型。这是因为在本书中，工业用地面积仅占约0.1%。尽管它在单位面积上投资了大量的外部资源（Dong et al.，2018），但与整个湿地生态系统相比，其能值仍然很小。其他土地利用类型，例如林地和草地，主要依靠当地资源，对外部资源的需求很少。

第三节　湿地生态系统能值可持续发展变化特征

能值方法中可持续发展采用指标法进行评价，即能值可持续发展指标（emergy sustainability index，ESI），该值等于系统的能值产出率和环境负载率之比。下面对这三项指标分别进行计算。

一、能值产出率

能值产出率（emergy yield ratio，EYR）是系统的总投入能值与外部资源投入能值的比值，能够反映系统对本地资源的利用程度，该值越大说明系统对本地资源的依赖越大，对外部资源投入的依赖则越小。结合本书中湿地生态系统的特点，

EYR 参考 Ulgiati 等（Ulgiati et al.，1995）和 Brown 等（Brown and Ulgiati，1997）
的研究成果，计算公式如下：

$$EYR = \frac{W}{F} = \frac{R+N+F}{F} \qquad (3\text{-}2)$$

式中，W 为系统的总能值投入，$W = R + N + F$；R 为系统可更新资源投入；N 为
系统不可更新资源投入；F 为外部资源投入。

　　如图 3-7 所示，研究区湿地生态系统 EYR 呈持续下降趋势，由 5.85 降至 1.97，
减少了 66.32%，表明该系统对本地可更新资源投入和不可更新资源投入的依赖越
来越小，对外部资源投入的依赖则越来越大。通过与不同生态系统的对比，可以
看出，原生的天然湿地具有最优的能值产出率，但随着人为活动的参与程度越来
越高，系统的能值产出率会越来越低。研究区湿地生态系统的 EYR 发展趋势已越
来越向人为活动主导的系统发展。

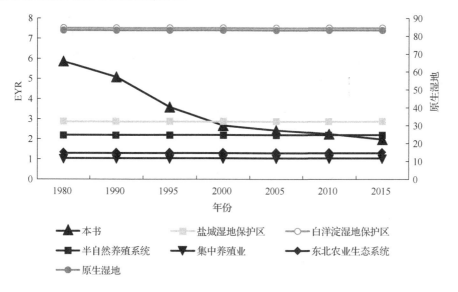

图 3-7　EYR 变化

盐城湿地保护区（Lu et al.，2007），原生湿地（Zuo et al.，2004），白洋淀湿地保护区（Meng et al.，2010），
半自然养殖系统（Zhang et al.，2011），集中养殖业（Zhang et al.，2011），东北农业生态系统（Liu et al.，2018）

二、环境负载率

　　环境负载率（environment load ratio，ELR）是系统不可更新资源投入和可更
新资源投入的比值，反映了系统发展对环境造成的压力。ELR 值越小，表明系统
对环境造成的压力越小。一般而言，当 $3 < ELR < 10$ 时表明系统造成的环境压力
是比较适中的，当 $ELR \geqslant 10$ 时表明系统造成的环境压力较大，当 ELR 值特别高

时，表明本地可更新资源投入已无法满足发展的需要，对环境造成极大的压力。其计算公式如下：

$$ELR = \frac{N+F}{R} \qquad (3-3)$$

由图 3-8 可见，研究区湿地生态系统 ELR 整体呈持续上升趋势，由 1.75 增长至 3.73，增长了 113.14%，表明研究区湿地生态系统的发展对环境造成了越来越大的负担，但仍处于较为适中的程度。其发展可以分为三个阶段，在 1980～2000 年经历了较为明显的上升趋势，2000～2010 年则较为平缓，2010～2015 年再次上升。根据式（3-3）以及能值流的变化，在第一阶段可更新资源投入持续减少，而外部资源投入则增长迅速，特别是 1990～2000 年平均增速为 4.78×10^{20} sej/年。在第二阶段，可更新资源投入有所增加，而外部资源投入增速放缓，平均增速为 3.82×10^{20} sej/年，导致在这一阶段 ELR 的变化不大。第三阶段可更新资源投入再次减少，外部资源以 5.71×10^{20} sej/年的速度增加，造成了这一段 ELR 再次增长。此外，不可更新资源投入在研究时段内也在持续减少，也推动了 ELR 提升。同其他类型生态系统的对比表明，研究区湿地生态系统的 ELR 发展趋势越来越趋近于人为控制为主的生态系统。

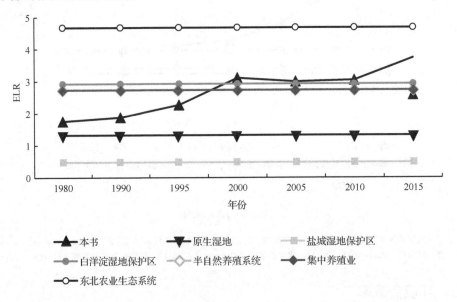

图 3-8　ELR 变化

盐城湿地保护区（Lu et al.，2007），原生湿地（Zuo et al.，2004），白洋淀湿地保护区（Meng et al.，2010），半自然养殖系统（Zhang et al.，2011），集中养殖业（Zhang et al.，2011），东北农业生态系统（Liu et al.，2018）

三、能值可持续发展指标

ESI 是 EYR 和 ELR 的比值，反映了系统的可持续性。一般而言，当 ESI <1 时，表明系统为消费型系统，对系统外部的资源投入依赖程度较高，在未来的可持续发展程度较低；当 1 < ESI < 5 时，表明系统的可持续发展性适中，可以在未来一段时间内保持可持续发展；当 ESI > 5 时，表明系统对本地资源的利用强度较高，对外部资源投入依赖较低，可以在未来很长一段时间内保持可持续发展。ESI 的计算公式如下：

$$ESI = \frac{EYR}{ELR} = \frac{W}{P} \times \frac{R}{N+P} \tag{3-4}$$

由图 3-9 可知，研究区湿地生态系统 ESI 呈持续下降趋势，由 3.34 降至 0.53，减少了 84.13%，表明该系统的可持续性越来越低。ESI 的发展可以分为两个阶段，1980～2000 年为第一阶段，ESI 显著下降至 0.86，达到 1 以下，说明该生态系统已经开始转为消费型系统，越来越依赖外部资源投入。2000 年之后可持续发展恶化趋势减缓，但仍在持续恶化。通过不同生态系统的 ESI 对比可以看出，原生湿地和湿地保护区都具有较好的可持续发展性，当人为活动介入的越来越多后，生态系统的可持续发展会随之降低。从趋势上看，研究区湿地生态系统至 2015 年已十分接近集中养殖渔业和农业生态系统的可持续发展指标。

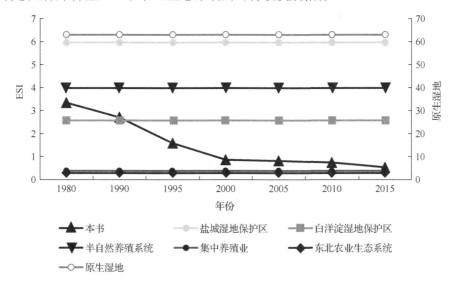

图 3-9　ESI 变化

盐城湿地保护区（Lu et al., 2007），原生湿地（Zuo et al., 2004），白洋淀湿地保护区（Meng et al., 2010），半自然养殖系统（Zhang et al., 2011），集中养殖业（Zhang et al., 2011），东北农业生态系统（Liu et al., 2018）

四、讨论

本节基于能值指标对湿地生态系统的可持续发展进行了评估，结果显示随着湿地向以人类活动用地为主的土地利用方式转变，使越来越多的外部资源投入到湿地生态系统当中，造成生态系统的可持续发展情况随之恶化。

相比于从水文（Chen and Zhao，2011）、经济（Lamsal et al.，2015）和选择偏好（Dobbie，2013）等角度对湿地可持续发展进行研究，土地利用方式是提升可持续发展的基础（Cooper et al.，2006）。通过与不同类型生态系统的对比也可以看出，原生湿地在土地利用发生改变后，可持续发展指标明显降低。也就是说，如果能够将土地利用类型转回湿地，其可持续发展能够得到改善。而土地利用的变化以及其他因素对湿地生态系统可持续发展的具体影响程度如何，将在后续章节进行进一步的驱动力分析。

第四节　本　章　小　结

基于能值方法，本章构建了湿地生态系统能值评估框架，并对其动态变化进行了分析，同时基于框架评价了湿地生态系统在土地利用变化过程中的可持续发展情况，为后续可持续发展驱动力因子评价提供了数据支持。此外，生态系统能值的变化也为下一章湿地生态系统服务价值的评价提供了背景。

本章总结的主要结论如下：

（1）随着人为活动的介入越来越多，外部资源投入在 2005 年后成为湿地生态系统中最主要的能值流，并推动生态系统的直接经济产出扩大了约 55 倍，主要来自于农业和养殖渔业所属的非湿地土地利用类型的产出。这表明东北地区天然湿地的损失带来了较高的经济回报。

（2）东北地区湿地生态系统可持续发展情况持续恶化，能值可持续指标在 2000 年后降至 1 以下，成了消费型生态系统；通过与其他类型生态系统的比较，研究区湿地生态系统的 EYR、ELR 和 ESI 指标表现逐渐向以人为控制为主的系统发展。

第四章　湿地生态系统服务价值

生态系统服务价值是生态系统产出的直接体现，并且与人类社会的福祉密切相关，但随着土地利用类型的变化，生态系统服务价值也受到了影响（Zhang et al.，2019），本章基于前期处理的土地利用变化数据和能值理论对湿地生态系统服务价值的动态变化进行分析，为后续生态系统服务价值变化驱动力分析奠定基础。

第一节　生态系统服务价值分类

本书采用了被广泛认可的千年生态系统评估的生态系统服务分类系统（Millennium Ecosystem Assessment，2005），将生态系统服务分为供给服务、调节服务、文化服务和支持服务四类。然而，由于生态系统本身的复杂性，人类对生态系统服务功能理解的限制，以及研究数据难以获取全面，本书选取了有代表性的生态系统服务价值来反映湿地生态系统服务价值的变化（表 4-1）。

表 4-1　湿地生态系统服务分类

	序号	生态系统服务	天然湿地					非天然湿地					
			沼泽	河流	湖泊	滩涂	洪泛地	库塘	耕地	林地	草地	城镇居住及建设用地	其他
供给服务	1	水产品供给		●	●			●					
	2	粮食供给							●				
	3	芦苇原材料供给	●										
	4	水资源供给		●	●								
调节服务	5	蓄水调洪	●		●			●					
	6	大气调节	●						●	●	●		
	7	污染净化	●		●			●					
	8	地下水补给	●										

续表

| 序号 | 生态系统服务 | 天然湿地 | | | | | 非天然湿地 | | | | | |
		沼泽	河流	湖泊	滩涂	洪泛地	库塘	耕地	林地	草地	城镇居住及建设用地	其他
文化服务	9 旅游	●	●	●	●	●	●		●	●		
支持服务	10 干物质								●	●		

注："●"代表该类型土地利用具有相应的生态系统服务价值；文化服务中的旅游价值为湿地带动的旅游业收入

第二节　生态系统服务价值计算

生态系统服务价值的计算同样基于能值理论，计算公式为式（4-1）。生态系统服务价值原始数据来源及数据处理如下（具体数据处理见附录 B.2）。

一、供给服务价值

（1）水产品供给服务价值。

水产品供给服务是指研究区内产出的水产品产量，包括河流、湖泊等自然水域内产生的淡水捕捞的水产品数量，以及研究区内水库、养殖塘等产出的人工养殖水产品。人工养殖水产品产量计算如下：

$$Q_s = \frac{A_{srp}}{A_{trp}} \times Q_t \tag{4-1}$$

式中，Q_s 为研究区人工养殖水产品的产量；Q_t 为东北地区人工养殖水产品总产量；A_{srp} 为研究区内库塘面积；A_{trp} 为东北地区库塘总面积。

（2）粮食供给服务价值。

粮食供给服务是指研究区内耕地产出的粮食产量，该数据由各年度单位面积耕地粮食产量乘以研究区耕地面积获得。

（3）芦苇原材料供给服务价值。

芦苇产量主要来自辽河三角洲地区，数据来源为统计年鉴。

（4）水资源供给服务价值。

水资源供给量是指东北地区社会生产生活用水量。2000 年之后的数据来源为松辽流域水资源公报，2000 年之前由于资料缺失，用水量数据来源为统计年鉴和估算，包括灌溉水量、林牧渔业用水量、第二产业用水量和生活用水。

二、调节服务价值

（1）蓄水调洪价值。

蓄水调洪价值是指沼泽湿地、湖泊和水库等具有调节洪峰、蓄积洪水的功能。因此，湿地的蓄水调洪价值通过沼泽湿地、湖泊和库塘的拦蓄能力进行计算。

（2）大气调节服务价值。

植物能够通过光合作用和呼吸作用对大气中的二氧化碳及氧气含量进行调节，从而影响空气质量。根据光合作用公式和呼吸作用方程式，植物光合作用时消耗6772J太阳能，吸收264g二氧化碳和108g水，生成180g葡萄糖和193g氧气，即植物生成1g干物质需要吸收1.63g二氧化碳并释放1.2g氧气。以此为基础，结合土地利用数据和净第一性生产力（net primary productivity，NPP）计算大气调节服务价值。NPP是指单位时间内生物通过光合作用所吸收的碳除植物自身呼吸的碳损耗所剩的部分，该值与干物质的换算系数为0.475（朱文泉等，2007）。

（3）污染净化价值。

农业耕作产生的氮磷污染是湿地污染净化的主要对象，沼泽湿地、湖泊和库塘对其都有净化效果。因此，湿地污染净化价值通过沼泽湿地、湖泊和库塘的净化能力计算。

（4）地下水补给价值。

湿地生态系统对地下水有补给功能。因此，通过不同土地利用类型对地下水的补给能力计算地下水补给价值。

三、文化服务价值

文化服务价值主要计算旅游价值。湿地生态系统具有丰富的景观，能够吸引人们旅游消费。因此，本书以研究区的旅游收入作为旅游服务价值。

四、支持服务价值

支持服务价值主要考虑植被对生态系统的支持，以植被的干物质量表示。

第三节　湿地生态系统服务价值变化特征

从整个研究区角度看，生态系统服务总价值的变化主要分为两个阶段（图4-1），在第一阶段（1980～2000年）生态系统服务价值变化较小，呈微弱增长趋势，由7.95×10^{22}sej增长至9.49×10^{22}sej，增长率为19.37%。第二阶段（2000～2015年）

生态系统服务价值呈较为明显的上升趋势，由 $9.49×10^{22}$sej 增长至 $1.70×10^{23}$sej，增长率为 79.14%。在整个研究时段内，生态系统服务价值增加了 $9.04×10^{22}$sej，增长率为 113.72%。

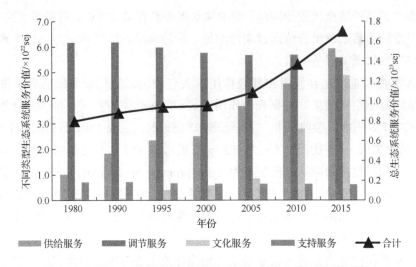

图 4-1　湿地生态系统服务价值变化（请扫封底二维码查看彩图）

在四类生态系统服务价值中，变化有所不同。供给服务价值呈持续增长趋势，由 $1.01×10^{22}$sej 增长至 $5.92×10^{22}$sej，增加了 486.14%，在总价值中占比也由 12.68% 增长至 34.87%，成为生态系统服务价值最高的类别，这主要是因为耕地面积增加造成的食物供给服务价值的增长（图 4-2（a））。调节服务是研究区最重要的生态系统服务，其价值呈持续下降趋势，并且由于供给服务价值和文化服务价值的大幅增长，调节服务价值在总生态系统服务价值中占比由 77.56%降至 32.81%，不再是湿地生态系统服务价值中最高的类别。调节服务中，蓄水调洪服务价值是最高的（图 4-2（b）），但随着天然湿地面积的减少，其价值也随之减少。文化服务在四类生态系统服务价值中增幅大，由 $6.80×10^{20}$sej 增长至 $4.88×10^{22}$sej，增加了 7076.47%，在总价值中占比由 0.86%增长至 28.72%。支持服务价值呈持续减少趋势，由 $7.07×10^{21}$sej 减少至 $6.13×10^{21}$sej，减少了 13.37%。

通过能值方法将其转换为货币价值后（能值货币转换率以 2015 年为准），湿地生态系统总服务价值增加了 1571.46 亿元，其中供给服务价值增加了 854.59 亿元，文化服务价值增加了 836.29 亿元，调节服务价值和支持服务价值分别减少了 102.99 亿元和 16.43 亿元。

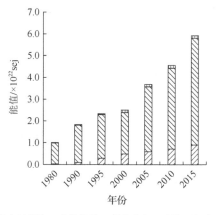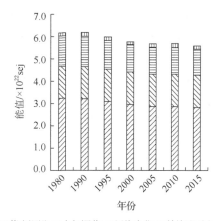

图 4-2 湿地生态系统供给服务价值变化

一、天然湿地生态系统服务价值变化特征

天然湿地生态系统服务价值变化主要经历了两个阶段（图 4-3），在第一阶段（1980～2005 年）由于调节服务价值的减少和文化服务价值的增长，天然湿地生态系统服务价值基本未发生变化；第二阶段（2005～2015 年）生态系统服务价值上升趋势明显，由 5.99×10^{22} sej 增加至 8.53×10^{22} sej，增加了 42.40%，主要是因为随着人们生活水平的提高，湿地旅游越来越受欢迎（Wang and Lu，2009），造成了文化服务价值的快速增长，使天然湿地生态系统服务价值增加。

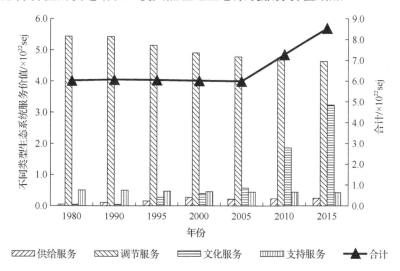

图 4-3 天然湿地生态系统服务价值变化

换算为货币价值生态系统服务价值增加了 435.34 亿元，其中供给服务价值增加了 34.43 亿元，文化服务价值增加了 553.39 亿元，调节服务价值和支持服务价值分别减少了 139.04 亿元和 13.44 亿元。

在四类服务价值的构成上，供给服务价值在 1980～2000 年受到水产品供给服务价值和水资源供给服务价值增长带来的影响，经历了较大的增幅。2000 年后，由于禁渔、休渔等政策的加强，自然捕捞的水产品减少，导致水产品供给服务价值减少，促使供给服务价值降低（图 4-4（a））。调节服务价值受到天然湿地面积的减少逐年降低（图 4-4（b））。

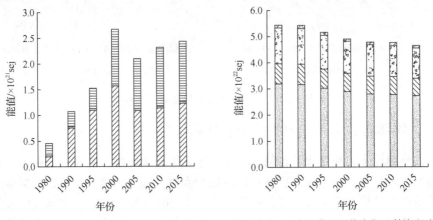

图 4-4　天然湿地供给服务价值变化

二、非天然湿地生态系统服务价值变化特征

如图 4-5 所示，非天然湿地的生态系统服务价值一直呈现增长趋势，从 $1.92×10^{22}$sej 增长至 $8.46×10^{22}$sej，增加了 340.63%。其中，在 1980～2000 年增长速度相对较缓，增长率为 80.81%，2000～2015 年增长速度较快，增长率为 143.27%。非天然湿地生态系统服务价值的增长主要来源于供给服务价值和文化服务价值的增加。在供给服务中（图 4-6（a）），粮食供给是最重要的服务，随着耕地面积的逐年增长，粮食产量随之增加，特别是在 2000 年后，粮食单产的提升推动了粮食供给服务价值增长。在文化服务中，由湿地转化而来的森林和草地等景观丰富了景观的多样性，吸引了更多的游客（孙文，2011），导致文化服务价值的增长。此外，调节服务价值也对总价值的增长起到了促进作用（图 4-6（b）），支持服务价值随林地和草地面积的减少有所下降，但幅度不大。

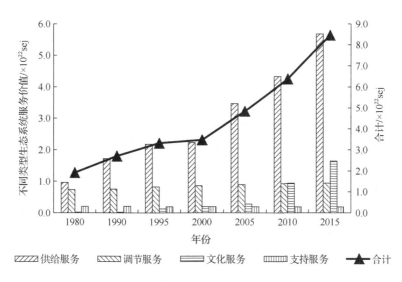

图 4-5　非天然湿地生态系统服务价值变化

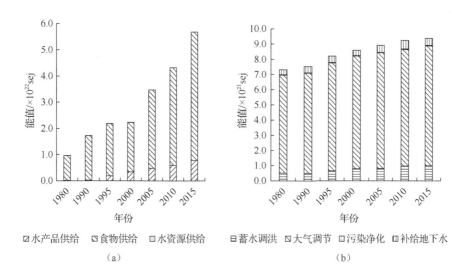

（a）　　　　　　　　　　　　　　　　（b）

图 4-6　非天然湿地供给服务价值变化

通过能值方法将其转换为货币价值后（能值货币转换率以 2015 年为准），非天然湿地生态系统服务价值增加了 1136.12 亿元，其中供给服务价值增加了 820.16 亿元，调节服务价值增加了 36.05 亿元，文化服务价值增加了 282.91 亿元，支持服务价值减少了 3 亿元。

三、讨论

本节基于能值方法和土地利用变化情况对生态系统服务价值的研究结果显示，在天然湿地向非天然湿地转化的过程中，湿地生态系统服务价值总体呈增加趋势发展，其中调节服务价值和支持服务价值受损，供给服务价值和文化服务价值增多，反映了土地利用变化对生态系统服务价值的直接影响。

生态系统服务价值是人类社会福祉发展的重要基础，当前生态系统服务价值已经越来越多地被纳入社会发展决策的考量当中（Bateman et al.，2013）。湿地作为生态系统服务价值较高的生态系统之一，其具有的蓄水调洪、污染净化和水资源供给等生态系统服务是人类社会良好发展不可或缺的要素（Greenway，2017；Li et al.，2014）。然而，对人类社会而言，特别是在不发达地区，人们首先重视的是经济效益（Guerry et al.，2015）。因此，他们更倾向于将湿地变为更有经济价值的利用方式（Davidson，2014），主要是通过改变土地的利用方式。这导致了湿地生态系统的供给服务价值增加，而调节服务价值和支持服务价值不可避免地遭受了损失。本书中，芦苇产业作为不改变天然湿地土地利用类型的利用方式提供了经济效益。然而，限于其经济效益较低（以 2015 年为例，粮食的供给服务价值为 1.49×10^{18} sej/km^2，芦苇供给服务价值为 8.60×10^{16} sej/km^2）和当前社会对此类资源需求不高的原因，芦苇产业并未能更大规模展开。但是，随着科学技术的进步，对天然湿地资源的利用方式也会随之改变，必然会有更多的需求。因此，不断地推动科学技术的发展，是防止天然湿地损失的途径之一。

此外，由于数据收集上的限制，湿地最重要的生态系统服务价值——支持服务价值中的生物栖息地功能的价值未能计算。经粗略估计（具体计算过程见附录 B.2），由于天然湿地面积的损失，该项价值损失约为 2.53×10^{23} sej（4392.31 亿元），远大于当前湿地生态系统服务价值。因此，虽然生态系统增加的供给服务价值较多，但其损失的价值更大。

第四节　本 章 小 结

基于千年生态评估系统的生态系统服务价值分类方法、能值理论和土地利用信息，本章对 1980～2015 年湿地生态系统服务价值的变化进行了动态分析，主要结论如下。

（1）湿地生态系统服务价值在 35 年间增加了 9.04×10^{22} sej，增长率为 113.71%。在四类生态系统服务价值当中，供给服务价值增加了 4.92×10^{22} sej，调节服务价值减少了 5.92×10^{21} sej，文化服务价值增加了 4.81×10^{22} sej，支持服务价值减少

了 9.45×10^{20}sej。换算为货币价值为湿地生态系统总服务价值增加了 1571.46 亿元，其中供给服务价值则增加了 854.59 亿元，文化服务价值增加了 836.29 亿元，调节服务价值和支持服务价值分别减少了 102.99 亿元和 16.43 亿元。

（2）天然湿地的生态系统服务价值增加了 2.50×10^{22}sej，增长率为 41.46%。四类生态系统服务价值中，供给服务价值增加了 1.98×10^{21}sej，调节服务价值减少了 8.00×10^{21}sej，文化服务价值增加了 3.18×10^{22}sej，支持服务价值减少了 7.73×10^{20}sej。通过能值方法将其转换为货币价值后，天然湿地生态系统服务价值增加了 435.34 亿元，其中供给服务价值增加了 34.43 亿元，文化服务价值增加了 555.39 亿元，调节服务价值和支持服务价值分别减少了 139.04 亿元和 13.44 亿元。

（3）非天然湿地的生态系统服务价值增加了 6.54×10^{22}sej，增长率为 340.63%。四类生态系统服务价值中，供给服务价值增加了 4.72×10^{22}sej，调节服务价值增加了 2.07×10^{21}sej，文化服务价值增加了 1.63×10^{22}sej，支持服务价值减少了 1.72×10^{20}sej。换算为货币价值为生态系统服务价值增加了 1136.12 亿元，其中供给服务价值增加了 820.16 亿元，调节服务价值增加了 36.05 亿元，文化服务价值增加了 282.91 亿元，支持服务价值减少了 3 亿元。

第五章 湿地生态系统可持续发展
及服务价值变化驱动机制分析

基于第四章和第五章研究内容得到的湿地生态系统可持续发展评价结果和生态系统服务价值估算结果，应用 LMDI 方法构建驱动力因子，明确并量化不同驱动力因子对两者的影响。

第一节 LMDI 方 法

LMDI 方法是基于数学方法将目标变量分解为若干个因素变量，并给出各个因素变量对目标变量的贡献，从而确定对目标变量影响最大的因素（Ang，2004）。其基本过程如下。

（1）首先将目标变量分解为若干个因素变量，即构建目标变量变化的驱动力因子。

$$A = B \times C \times D \times \cdots \tag{5-1}$$

式中，A 代表目标变量；B、C、D、$\cdots$代表对 A 有影响的因素变量。

（2）依据 LMDI 方法，式（5-1）可以转变为以下形式求取各个因素变量对 A 的贡献率。

$$\Delta A = A^t - A^{t-1} = \Delta B + \Delta C + \Delta D + \cdots \tag{5-2}$$

$$\Delta B = u \times \ln\left(\frac{B^t}{B^{t-1}}\right) \tag{5-3}$$

$$\Delta C = u \times \ln\left(\frac{C^t}{C^{t-1}}\right) \tag{5-4}$$

$$\Delta D = u \times \ln\left(\frac{D^t}{D^{t-1}}\right) \tag{5-5}$$

$$\cdots$$

$$u = \frac{A^t - A^{t-1}}{\ln A^t - \ln A^{t-1}} \tag{5-6}$$

式中，A^t 表示 A 在第 t 年的值；A^{t-1} 表示 A 在 $t-1$ 年的值；B、C、D、…表示对目标变量 A 有影响的驱动力因子。

第二节　湿地生态系统可持续发展变化的驱动机制

一、湿地生态系统可持续发展驱动力因子构建

根据 LMDI 方法，考虑湿地发展相关因子，从社会发展、系统能值变化和土地利用三个角度构建 ESI 的驱动力因子，具体如下：

$$ESI = \frac{EYR}{ELR} = \frac{W}{F} \times \frac{R}{N+F} = \frac{W}{S} \times \frac{R}{Y} \times \frac{A}{F} \times \frac{S}{N+F} \times \frac{Y}{GDP} \times \frac{GDP}{P} \times \frac{P}{U} \times \frac{U}{A}$$

$$= W_s \times R_y \times A_f \times S_{nf} \times Y_g \times G_p \times P_u \times U_a \tag{5-7}$$

式中，ESI 为能值可持续发展指标；W 为生态系统总投入能值；R 为系统投入的可更新资源；N 为系统投入的不可更新资源；F 为系统投入的外部资源；S 为湿地生态系统面积；Y 为湿地生态系统的直接经济产出；A 为天然湿地面积；GDP 为东北地区国内生产总值；P 为东北地区总人口数量；U 为东北地区非农业人口数量。为了便于清晰地了解驱动力因子，根据各因子的特点将其分为三类，详细分类情况见表 5-1。

表 5-1　ESI 驱动力因子分类表

序号	驱动力因子分类	驱动力因子	释义
1	人口效应	P_u	P_u 等于 P/U，代表城市化因子，该值为城市化率的倒数，反映社会发展程度
		U_a	U_a 等于 U/A，代表天然湿地承载的城市人口因子，反映东北地区社会发展程度
2	经济效应	G_p	G_p 等于 G/P，代表人均 GDP 因子，反映东北地区社会经济发展程度
		Y_g	Y_g 等于 Y/G，代表湿地生态系统经济产出因子，反映湿地生态系统直接产出的经济规模
3	人类活动效应	A_f	A_f 等于 A/F，代表外部资源投入对天然湿地的压力因子，反映人类活动对天然湿地的干扰强度
		R_y	R_y 等于 R/Y，代表湿地生态系统经济产出对可更新资源强度利用因子，即湿地生态系统单位产出所需的可更新资源，反映湿地生态系统经济发展模式
		S_{nf}	S_{nf} 等于 $S/(N+F)$，代表湿地生态系统不可更新资源因子，反映不可更新资源在湿地生态系统内投入的强度
		W_s	W_s 等于 W/S，代表湿地生态系统总能值投入因子，反映湿地生态系统总能值投入量

二、湿地生态系统可持续发展驱动力分析

表 5-2 和图 5-1 显示了驱动力因子对 ESI 发展趋势的影响，该结果表示如果驱动力因子的值为正，则该因子对 ESI 的发展有正向驱动力贡献，即对湿地生态系统的可持续发展有积极的促进作用，如果该因子的值为负数，则相反。从结果中可以看出，八个驱动力因子对ΔESI 发展的整体贡献为负，导致 ESI 持续下降，但各驱动力因子对ΔESI 的贡献值总体呈下降趋势，表明其驱动力有所减弱。对各时期的具体分析如下。

表 5-2　ESI 驱动力分解分析结果

驱动力因子		1980~1990 年	1990~1995 年	1995~2000 年	2000~2005 年	2005~2010 年	2010~2015 年
贡献值 /×10²⁰sej	ΔW_s	0.026	0.135	0.050	0.080	0.064	0.045
	ΔR_y	−3.550	−2.211	−0.384	−0.286	−0.422	−0.458
	ΔA_f	−0.503	−0.922	−0.454	−0.179	−0.131	−0.138
	ΔS_{nf}	−0.100	−0.266	−0.152	−0.073	−0.068	−0.074
	ΔY_g	−0.220	−0.171	−0.432	−0.090	−0.146	0.127
	ΔG_p	3.340	2.162	0.556	0.474	0.618	0.279
	ΔP_u	−0.381	−0.110	−0.182	−0.036	−0.016	−0.130
	ΔU_a	0.755	0.252	0.277	0.062	0.028	0.140
	ΔESI	−0.633	−1.130	−0.721	−0.048	−0.073	−0.210
贡献率/%	ΔW_s	4.17	11.94	6.90	168.93	87.81	21.32
	ΔR_y	−560.50	−195.61	−53.34	−602.45	−576.15	−218.50
	ΔA_f	−79.46	−81.59	−62.96	−376.81	−178.43	−65.67
	ΔS_{nf}	−15.72	−23.52	−21.04	−152.63	−92.15	−35.38
	ΔY_g	−34.72	−15.16	−59.92	−189.09	−199.67	60.40
	ΔG_p	527.25	191.32	77.19	997.61	842.49	133.23
	ΔP_u	−60.17	−9.71	−25.22	−75.95	−22.13	−62.14
	ΔU_a	119.16	22.32	38.39	130.40	38.23	66.75

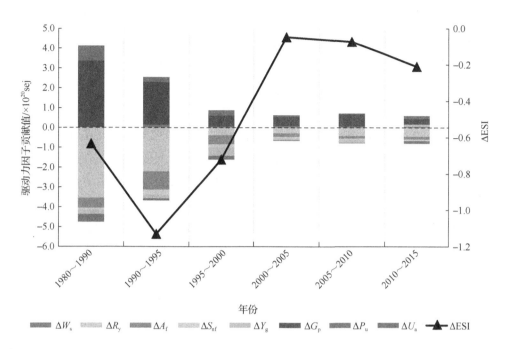

图 5-1　湿地生态系统可持续发展变化驱动力因素分析（请扫封底二维码查看彩图）

　　1980～1995 年，ESI 下降趋势明显，各驱动力因子在此阶段的贡献值也处于整个研究时段的最大时期。其中 ΔR_y 对 ΔESI 有最大的负向驱动力，贡献值在所有驱动力因子中也最大，为 -3.550 和 -2.211，贡献率为 -560.50% 和 -195.61%。ΔG_p 对 ΔESI 则有最大的正向驱动力，贡献值为 3.340 和 2.162，贡献率为 527.25% 和 191.32%，仅次于 ΔR_y。表明这一阶段内，经济产出对可更新资源的依赖较大，对可持续发展的影响也大于人均 GDP 提高带来的影响。ΔA_f 对 ΔESI 的负向驱动力贡献仅次于 ΔR_y，并呈增大发展趋势，贡献值为 -0.503 和 -0.922，贡献率为 -79.46% 和 -81.59%，这主要是因为天然湿地在这一阶段面积受损较大，且化肥和农药在这一阶段的施用量增高。ΔU_a 对 ΔESI 有正向驱动力，贡献率为 119.16% 和 22.32%，表明随着城镇人口的增长对湿地生态系统的可持续发展越有利，结合 ΔP_u（城市化率的倒数）的负向驱动力贡献表现，进一步说明了城市化对可持续发展有积极的促进作用；ΔS_{nf} 对 ΔESI 有负向驱动力贡献且呈增长趋势，贡献率为 -15.72% 和 -23.52%，表明湿地生态系统内不可更新资源投入的强度越大，对可持续发展的负面影响越大；ΔY_g 有负向驱动力贡献，贡献值为 -0.220 和 -0.171，贡献率为 -34.72% 和 -15.16%，表明湿地生态系统的经济产出在东北地区经济中的比重减小，对湿地生态系统的可持续发展有负面影响；ΔW_s 对 ΔESI 有正向驱动力，但贡献率很小，为 4.17% 和 11.94%。

2000～2010 年，湿地生态系统可持续发展情况虽然仍在恶化，但相较于之前已有所减缓。ΔG_p 超越 ΔR_y 成为贡献最大的驱动力因子，表明这一阶段人均 GDP 所代表的社会经济发展对湿地生态系统有较大的正向贡献。此外，ΔA_f 在 1995～2000 年的负向贡献率大于 ΔR_y，表明湿地受到的外部资源投入压力较大。其他因子对 ΔESI 的驱动力贡献大小虽然有所变化，但相对于以上三个因子，其贡献较小。到 2015 年，ΔESI 再次呈现下降趋势，ΔR_y 替换 ΔG_p 再次成为贡献最大的驱动力，ΔA_f 的负向贡献也略有增长。ΔY_g 则转为正向驱动力，主要是因为东北地区经济发展速度下降，并且以农业为主的第一产业在总 GDP 中所占比重有所上升。

对驱动力因子按照特点分类后可以看到（图 5-2），人口效应对 ΔESI 的驱动力贡献值很低，在 0.012～0.374。经济效应对 ΔESI 有正向驱动力贡献，在 1980～2000 年贡献值降低显著，从 3.120 降至 0.125，之后则呈微弱上升趋势，贡献值增长至 0.406。人类活动效应对 ΔESI 为负向驱动力贡献，在 1980～2005 年贡献值降低显著，从 -4.127 降至 -0.458，之后则呈微弱上升趋势，贡献值增长至 -0.625。

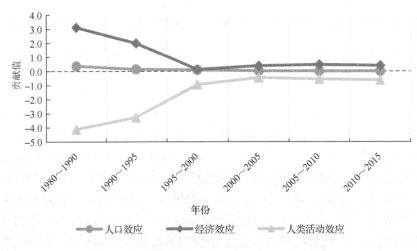

图 5-2　不同类型驱动力因子对 ΔESI 的贡献值

三、讨论

采用 LMDI 方法分析的结果表明人口效应和经济效应对湿地生态系统有正向驱动力贡献，这两类因子都反映了社会发展程度对可持续发展的影响。随着人均 GDP 和城市化率的升高，社会发展程度越来越高，人们对生活的追求也随之发生改变。从过去的以解决生存为主的发展方式向着追求更舒适生存环境的方式转变，这一方面促进了人们对湿地的保护倾向，例如 2000 年后国家制定的全国湿地保护规划，为湿地资源的保护做出了积极贡献。另一方面随着社会发展水平的提高，经济发展方式更加多样、更有效率，不再过度依赖于自然资源，使社会以不破坏湿地的方式发展经济，保护了湿地资源。

人类活动效应对湿地生态系统的可持续发展有较大的负向驱动力，其中主要的驱动力因子为 ΔR_y 和 ΔA_f。在当前的湿地生态系统中，农业和水产业占据了直接经济产出的 99% 以上，两者生产过程更多地依赖于外部购买的资源，而不是可更新资源。特别是农业生产，大量施用化肥和农药以追求更高的产量和更多的经济效益（闫湘等，2017）。农业生产获取单位经济效益所需的外部资源投入从 3.34×10^{-13} 元/sej 增长至 6.78×10^{-12} 元/sej，扩大了 20.3 倍。虽然经济效益得到了显著增长，但导致农业对可更新资源的依赖越来越小，造成了大量外部资源投入，进而造成沉重的环境压力，若超过湿地的处理能力，生态系统将受到破坏（李伟业，2007）。对于水产业，获取单位经济效益所需的外部资源投入从 5.35×10^{-13} 元/sej 增长至 1.36×10^{-12} 元/sej，扩大了 2.55 倍，虽然相对于农业变化很小，但其单位面积上投入的外部资源从 2.95×10^{17} sej/km² 增长至 6.82×10^{18} sej/km²，扩大了 23.12 倍，大量外部资源的投入对湿地生态系统发展造成了较大干扰。此外，对于 R_y 因子，从当前研究区的实际情况出发，可更新资源的投入量变化相对不大，并且相对难以调控，因此直接经济产出的效益越大，该因子的负向驱动力贡献越大。但若不能满足地区经济发展的需求，湿地又将再次遭到破坏，难以实现湿地生态系统长久的可持续发展。因此，调整湿地生态的经济发展模式，提升可更新资源的利用率，对可持续发展是十分重要的。

对天然湿地而言，经济产出主要来源于芦苇产业和淡水捕捞渔业，虽然两者的经济产出相对于农业和养殖渔业很小，但两者的发展并未减少天然湿地的面积，投入的外部资源很少，以芦苇产业为例，其单位面积投入的外部资源仅为 3.92×10^{16} sej/km²（多年均值）。此外，芦苇产业和淡水捕捞渔业由于未破坏湿地，因此保存了天然湿地重要的生态系统服务价值，例如净化农业生产、水产养殖生产和居民生活产生的非点源污染，改善地区气候，维持生物多样性等（O'Geen et al.，2010；Kubiszewski et al.，2017）。

因此，当前改善湿地生态系统可持续发展现状的有效途径是增加湿地面积，减少外部资源投入，此外提高经济发展对可更新资源的利用率对可持续发展的改善有积极作用。具体而言，可以通过退耕还湿、减少施肥等措施以及调整产业模式等方式加强湿地生态系统的可更新资源利用效率，提供湿地生态系统的可持续发展水平。

第三节　湿地生态系统服务价值变化的驱动机制

一、湿地生态系统服务价值变化驱动力因子构建

根据 LMDI 方法，考虑对生态系统服务价值相关影响因素，从社会经济发展、生态系统能值变化和土地利用三个角度对生态系统服务价值进行分解，构建驱动力指标：

$$\text{ESV} = \frac{\text{ESV}}{R} \times \frac{A}{F} \times \frac{Y}{\text{GDP}} \times \frac{\text{GDP}}{P} \times \frac{P}{U} \times \frac{U}{A} \times \frac{R}{Y} \times F$$

$$= E_r \times A_f \times Y_g \times G_p \times P_u \times U_a \times R_y \times F \tag{5-8}$$

式中，ESV 为湿地生态系统服务价值（ecosystem services value）；R 为系统投入的可更新资源；F 为系统投入的外部资源；Y 湿地生态系统的直接经济产出；A 为天然湿地面积；GDP 为东北地区国内生产总值；P 为东北地区总人口数量；U 为东北地区非农业人口数量。为了便于清晰地了解驱动力因子，根据各因子的特点将其分为四类，详细分类情况见表 5-3。

表 5-3　ESV 驱动力因子分类表

序号	驱动力因子分类	驱动力因子	释义
1	人口效应	P_u	P_u 等于 P/U，代表城市化因子，该值为城市化率的倒数，反映社会发展程度
		U_a	U_a 等于 U/A，代表天然湿地承载的城市人口因子，反映东北地区社会发展程度
2	经济效应	G_p	G_p 等于 G/P，代表人均 GDP 因子，反映东北地区经济发展程度
		Y_g	Y_g 等于 Y/G，代表湿地生态系统经济产出因子，反映湿地生态系统直接产出的经济规模
3	人类活动效应	A_f	A_f 等于 A/F，代表外部资源投入对天然湿地的压力因子，反映人类活动对天然湿地的干扰强度
		R_y	R_y 等于 R/Y，代表湿地生态系统经济产出对可更新资源的利用强度因子，即湿地生态系统单位产出所需的可更新资源，反映人类对湿地的利用方式
		F	F 为湿地生态系统外部资源投入，反映湿地生态系统中的人类活动
4	可更新资源效应	E_r	E_r 等于 ESV/R，代表生态系统服务的可更新资源因子，反映单位可更新资源能够产生的生态系统服务价值。E_{rpr} 代表供给服务价值的可更新资源因子，E_{rre} 代表调节服务价值的可更新资源因子，E_{rcu} 代表文化服务价值的可更新资源因子，E_{rsu} 代表支持服务价值的可更新资源因子，E_{rto} 代表总服务价值的可更新资源因子

二、供给服务价值变化驱动力分析

按照 LMDI 方法对供给服务价值（ESV_{pr}）的分析结果如表 5-4 和图 5-3 所示。从结果上看，驱动力因子对供给服务价值的变化整体体现为正向驱动力贡献，并且呈波动变化。

表 5-4　ESV_{pr} 驱动力分解分析结果

驱动力因子		1980～1990 年	1990～1995 年	1995～2000 年	2000～2005 年	2005～2010 年	2010～2015 年
贡献值/×10²⁰sej	ΔU_a	34.51	24.96	56.52	22.65	14.85	116.14
	ΔF	20.77	85.55	81.39	58.16	66.18	104.26
	ΔE_{rpr}	87.07	63.75	61.37	80.19	58.61	182.08
	ΔG_p	152.71	213.98	113.63	173.25	327.27	231.82
	ΔR_y	−162.33	−218.77	−78.52	−104.63	−223.81	−380.19
	ΔA_f	−23.01	−91.25	−92.68	−65.44	−69.31	−114.26
	ΔP_u	−17.43	−10.86	−37.13	−13.19	−8.60	−108.13
	ΔY_g	−10.06	−16.95	−88.20	−32.84	−77.56	105.09
	ΔESV_{pr}	82.23	50.42	16.38	118.15	87.63	136.82
贡献率/%	ΔU_a	41.97	49.51	345.03	19.17	16.95	84.89
	ΔF	25.26	169.68	496.85	49.22	75.52	76.21
	ΔE_{rpr}	105.89	126.44	374.66	67.87	66.88	133.08
	ΔG_p	185.71	424.39	693.66	146.63	373.48	169.44
	ΔR_y	−197.42	−433.90	−479.32	−88.55	−255.41	−277.88
	ΔA_f	−27.99	−180.97	−565.77	−55.39	−79.10	−83.51
	ΔP_u	−21.19	−21.53	−226.67	−11.16	−9.81	−79.03
	ΔY_g	−12.23	−33.62	−538.44	−27.79	−88.51	76.81

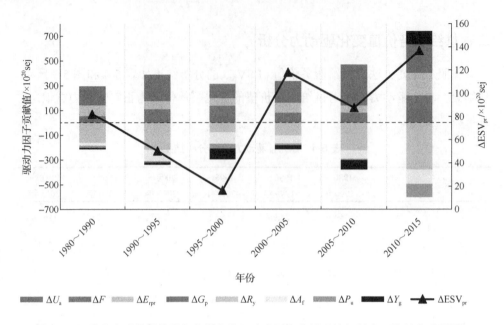

图 5-3　湿地生态系统供给服务价值变化驱动力因素分析（请扫封底二维码查看彩图）

在 1980～2000 年 ESV_{pr} 虽然在增长，但增速呈下降趋势。其中，在 1980～1995 年，ΔR_y 和 ΔA_f 对 ΔESV_{pr} 的负向驱动力贡献较大，合计贡献值为 $-310.02\times10^{20}\sim-185.34\times10^{20}$sej，贡献率 $-614.87\%\sim-225.41\%$。ΔG_p 和 ΔE_{rpr} 为 ΔESV_{pr} 的主要正向驱动力，合计贡献值为 $239.78\times10^{20}\sim277.73\times10^{20}$sej，贡献率 $291.60\%\sim550.83\%$。其他因子中，ΔF 和 ΔU_a 有正向驱动力影响，ΔP_u 和 ΔY_g 有负向驱动力影响，相比其他因子贡献较小。1995～2000 年 ΔG_p、ΔR_y、ΔE_{rpr} 和 ΔF 的贡献值有所减小，另外 4 个因子贡献值增大，总体上负向贡献相对于前一阶段有所增长，导致 ΔESV_{pr} 持续减小。

2000～2015 年 ΔESV_{pr} 较上一阶段增长显著。其中，2000～2005 年和 2005～2010 年 ΔG_p 对 ΔESV_{pr} 的贡献值超过 ΔR_y，成为所有驱动力因子贡献值最大的因子，并提供正向驱动力，贡献值为 173.25×10^{20}sej 和 327.27×10^{20}sej；ΔR_y 的贡献值相对于 1995～2000 年有所减少，分别为 -104.63×10^{20}sej 和 -223.81×10^{20}sej，但仍是最大的负向驱动力。ΔE_{rpr}、ΔU_a 和 ΔF 仍然对 ΔESV_{pr} 有正向驱动力贡献，并且在本阶段变化不大，三者合计贡献值为 161.00×10^{20}sej 和 139.64×10^{20}sej；ΔA_f、ΔP_u 和 ΔY_g 仍然对 ΔESV_{pr} 有负向驱动力贡献，并且在本阶段变化不大，三者合计贡献值为 -111.47×10^{20}sej 和 -155.47×10^{20}sej。2010～2015 年除了 ΔG_p 的贡献值有所降以及 ΔY_g 转变为正向驱动力外，其他因子保持之前的驱动力并呈扩大趋势，总体上正向驱动力贡献增长大于负向驱动力增长，导致 ΔESV_{pr} 再次出现明显增长。

对驱动力因子按照特点分类后可以看到（图 5-4），人口效应对 ΔESV_{pr} 的驱动力贡献率很低，并且呈下降趋势。经济效应对ΔESV$_{pr}$有正向驱动力贡献，贡献值为 $25.43×10^{20}$～$336.91×10^{20}$sej，整体呈上升趋势。可更新资源效应对ΔESV$_{pr}$的正向驱动力贡献整体低于经济效应，并且贡献值保持较为稳定。人类活动效应对ΔESV$_{pr}$ 为负向驱动力贡献，贡献率为$-390.18×10^{20}$～$-89.81×10^{20}$sej，整体呈负向扩大趋势。

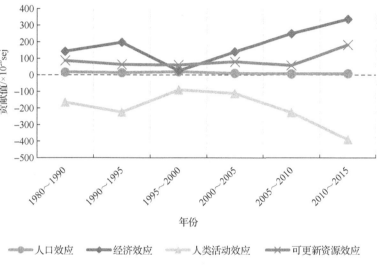

图 5-4　不同类型驱动力因子对ΔESVpr 的贡献值

综上所述，供给服务价值主要受到经济效应、可更新资源效应和人类活动效应驱动，其中正向驱动力以$ΔG_P$、$ΔF$ 和$ΔE_{rpr}$ 为主，负向驱动力以$ΔR_y$ 和$ΔA_f$ 为主。

三、调节服务价值变化驱动力分析

按照 LMDI 方法对调节服务价值（ESV$_{re}$）的分析结果如表 5-5 和图 5-5 所示。从结果上看，驱动力因子对调节服务价值的变化呈波动发展，其中 1980～1990 年和 2015～2010 年 ΔESV$_{re}$ 为正值，其余为负值。具体分析如下。

表 5-5　ESV$_{re}$ 驱动力分解分析结果

驱动力因子		1980～1990 年	1990～1995 年	1995～2000 年	2000～2005 年	2005～2010 年	2010～2015 年
贡献值/×10²⁰sej	$ΔU_a$	154.47	73.16	137.20	42.40	20.54	125.40
	$ΔF$	92.98	250.75	197.58	108.89	91.51	112.58
	$ΔE_{rre}$	22.80	18.61	87.72	-80.01	-39.08	38.36
	$ΔG_p$	683.50	627.15	275.84	324.37	452.57	250.30
	$ΔR_y$	-726.60	-641.19	-190.60	-195.88	-309.50	-410.50

续表

驱动力因子		1980～1990 年	1990～1995 年	1995～2000 年	2000～2005 年	2005～2010 年	2010～2015 年
贡献值/×10²⁰sej	ΔA_f	−103.01	−267.44	−224.98	−122.52	−95.85	−123.37
	ΔP_u	−78.01	−31.82	−90.14	−24.70	−11.89	−116.75
	ΔY_g	−45.01	−49.68	−214.11	−61.48	−107.26	113.47
	ΔESV_{re}	1.12	−20.46	−21.50	−8.94	1.05	−10.51
贡献率/%	ΔU_a	13839.28	357.60	638.23	474.17	1964.71	1192.81
	ΔF	8330.54	1225.61	919.07	1217.70	8754.29	1070.83
	ΔE_{rre}	2042.53	90.97	408.06	−894.82	−3738.83	364.85
	ΔG_p	61236.75	3065.38	1283.14	3627.50	43293.87	2380.87
	ΔR_y	−65098.16	−3134.03	−886.65	−2190.63	−29607.19	−3904.70
	ΔA_f	−9229.22	−1307.17	−1046.56	−1370.17	−9168.95	−1173.47
	ΔP_u	−6988.89	−155.54	−419.29	−276.18	−1137.24	−1110.49
	ΔY_g	−4032.84	−242.82	−996.01	−687.57	−10260.66	1079.31

注：为了保证驱动力因子的作用与贡献率一致，对 ΔESV_{re} 为负的年份在计算贡献率时乘以−1

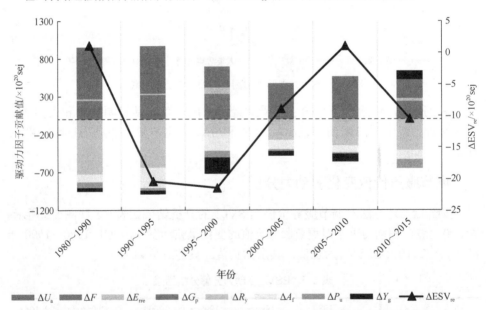

图 5-5　湿地生态系统调节服务价值变化驱动力因素分析（请扫封底二维码查看彩图）

　　如图 5-5 所示，1980～1990 年 ΔESV_{re} 为正值，正向驱动力为 ΔG_p、ΔU_a、ΔF 和 ΔE_{rre}，其合计正向驱动力贡献值为 953.75×10²⁰sej。其他四个因子为负向驱动力，合计贡献值为−952.63×10²⁰sej，略小于正向驱动力。1990～1995 年 ΔESV_{re} 下降趋势较为明显。其中，ΔR_y 对其有负向驱动力，贡献值在所有驱动力因子中最大，贡献值为−641.19×10²⁰sej。ΔG_p 对 ΔESV_{re} 有正向驱动力，贡献值仅次于 ΔR_y，贡献

值为 627.15×10^{20}sej。ΔA_f 有负向驱动力贡献，贡献值为-267.44×10^{20}sej，ΔF 为正向驱动力贡献，贡献值为 250.75×10^{20}sej，其他因子影响较小。

在 1995~2000 年，$\Delta \text{ESV}_\text{re}$ 负向发展趋势略有扩大，但各驱动力因子之间的贡献率差距变小，ΔG_p 仍为最大的正向驱动力因子，其次为 ΔF、ΔU_a 和 ΔE_rre，合计贡献值为 698.34×10^{20}sej。负向驱动力中，ΔA_f 和 ΔY_g 代替 ΔR_y 成为负向驱动力贡献的主要组成部分，ΔP_u 贡献较小，合计贡献值为-719.83×10^{20}sej。

2000~2015 年 ESV$_\text{re}$ 下降速率相较于前一阶段有所降低，并在 2010 年出现微弱增长。负向驱动力方面，ΔR_y 再次成为最大的驱动力因子，并且贡献值逐年增长。ΔA_f 和 ΔP_u 在 2000~2005 年和 2010~2015 年贡献较大，2005~2010 年贡献较低；ΔY_g 在 2000~2005 年和 2005~2010 年贡献值分别为-61.48×10^{20}sej 和 -107.26×10^{20}sej，2010~2015 年该因子转为正向驱动力贡献。ΔE_rre 在 2000~2005 年和 2005~2010 年由之前的正向驱动力转为负向驱动力贡献，贡献值为-80.01×10^{20}sej 和-39.08×10^{20}sej，到 2010~2015 年则再次转为正向驱动力。正向驱动力方面，ΔG_p 在 2005~2010 年的贡献较大，为 452.57×10^{20}sej，在 2000~2005 年和 2010~2015 年贡献较小，ΔF 和 ΔU_a 则正好相反，两者贡献在 2005~2010 年较低，其他时间段较高。

对驱动力因子按照特点分类后可以看到（图 5-6），人口效应对 $\Delta \text{ESV}_\text{re}$ 的驱动力贡献很低，并且呈下降趋势。经济效应对 $\Delta \text{ESV}_\text{re}$ 有正向驱动力贡献，发展趋势呈波动变化，在 2000 年后呈逐渐上升趋势。可更新资源效应在 2000~2005 年和 2005~2010 年对 $\Delta \text{ESV}_\text{re}$ 有负向驱动力，其他时间段为正向驱动力，但其贡献率较低，影响不大。人类活动效应对 $\Delta \text{ESV}_\text{re}$ 为负向驱动力贡献，呈波动趋势发展，并在 2000 年后再次呈逐渐扩大趋势。

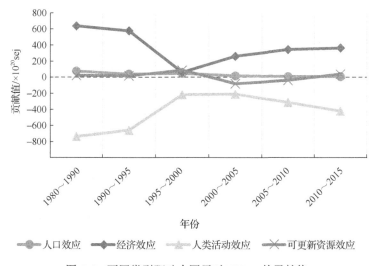

图 5-6 不同类型驱动力因子对 $\Delta \text{ESV}_\text{re}$ 的贡献值

综上所述，调节服务价值主要受到经济效应和人类活动效应驱动，其中正向驱动力以ΔG_p和ΔF为主，负向驱动力以ΔR_y和ΔA_f为主。

四、文化服务价值变化驱动力分析

按照LMDI方法对文化服务价值（ESV_{cu}）的分析结果如表5-6和图5-7所示。从结果上看，除了1980～1990年外，驱动力因子对文化服务价值的变化整体体现为正向驱动力贡献。

如图5-7所示，1980～2005年文化服务价值变动相对较小，各因子贡献值也较小。正向驱动力方面，ΔG_p和ΔE_{rcu}为主要的正向驱动力，ΔG_p的贡献值在$7.35\times10^{20}\sim40.39\times10^{20}$sej，呈逐年增大趋势；$\Delta E_{rcu}$除了在1980～1990年为负向驱动力外（贡献值为-0.08×10^{20}sej），在1990～2005年为正向驱动力，且呈逐年减小趋势，贡献值为$17.44\times10^{20}\sim34.81\times10^{20}$sej。$\Delta U_a$和$\Delta F$贡献值在1980～2000年呈上升趋势，2000～2005年有所下降，贡献值分别为$1.66\times10^{20}\sim11.43\times10^{20}$sej和$1.00\times10^{20}\sim16.46\times10^{20}$sej。负向驱动力方面，$\Delta R_y$和$\Delta A_f$是主要的贡献者，前者贡献值为$-24.39\times10^{20}\sim-7.81\times10^{20}$sej，呈波动发展趋势，后者贡献值为$-18.74\times10^{20}\sim-1.11\times10^{20}$sej，总体呈增大趋势发展。$\Delta P_u$和$\Delta Y_g$贡献值相对较小，贡献值分别为$-7.51\times10^{20}\sim-0.84\times10^{20}$sej和$-17.84\times10^{20}\sim-0.48\times10^{20}$sej。

2005～2015年，ΔE_{rcu}和ΔG_p对ΔESV_{cu}提供了较大的正向驱动力贡献，合计贡献值为312.65×10^{20}sej和407.63×10^{20}sej，贡献率合计为161.21%和195.17%。负向驱动力ΔR_y和ΔA_f贡献也明显扩大，合计贡献值为-116.68×10^{20}sej和-354.69×10^{20}sej，小于正向驱动力的贡献，导致ΔESV_{cu}显著增大。

表5-6　ESV_{cu}驱动力分解分析结果

驱动力因子		1980～1990年	1990～1995年	1995～2000年	2000～2005年	2005～2010年	2010～2015年
	ΔU_a	1.66	2.22	11.43	5.28	5.91	83.31
	ΔF	1.00	7.61	16.46	13.56	26.34	74.79
	ΔE_{rcu}	-0.08	34.81	27.81	17.44	182.38	241.33
	ΔG_p	7.35	19.04	22.98	40.39	130.27	166.30
贡献值/×10²⁰sej	ΔR_y	-7.81	-19.47	-15.88	-24.39	-89.09	-272.73
	ΔA_f	-1.11	-8.12	-18.74	-15.26	-27.59	-81.96
	ΔP_u	-0.84	-0.97	-7.51	-3.08	-3.42	-77.56
	ΔY_g	-0.48	-1.51	-17.84	-7.66	-30.87	75.39
	ΔESV_{cu}	-0.32	33.62	18.71	26.29	193.93	208.86

续表

驱动力因子		1980~1990 年	1990~1995 年	1995~2000 年	2000~2005 年	2005~2010 年	2010~2015 年
贡献率/%	ΔU_a	522.85	6.61	61.10	20.08	3.05	39.89
	ΔF	314.73	22.65	87.99	51.57	13.58	35.81
	ΔE_{rcu}	−26.61	103.53	148.64	66.34	94.04	115.55
	ΔG_p	2313.55	56.65	122.85	153.63	67.17	79.62
	ΔR_y	−2459.43	−57.91	−84.89	−92.78	−45.94	−130.58
	ΔA_f	−348.68	−24.16	−100.20	−58.03	−14.23	−39.24
	ΔP_u	−264.04	−2.87	−40.14	−11.70	−1.76	−37.14
	ΔY_g	−152.36	−4.49	−95.36	−29.12	−15.92	36.09

注：为了保证驱动力因子的作用与贡献率一致，对ΔESV_{cu}为负的年份在计算贡献率时乘以−1

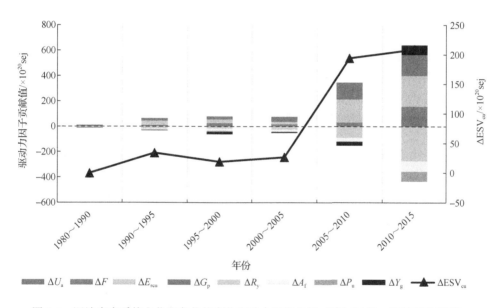

图 5-7　湿地生态系统文化服务价值变化驱动力因素分析（请扫封底二维码查看彩图）

　　对驱动力因子按照特点分类后可以看到（图 5-8），人口效应对ΔESV_{cu}的驱动力贡献很低，总体呈增长趋势发展。经济效应和可更新资源效应对ΔESV_{re}有正向驱动力贡献，且两者贡献较为相近，发展趋势整体都朝增大趋势变化。人类活动效应对ΔESV_{cu}为负向驱动力贡献，在 2010 年之前变化较小，之后负向驱动力贡献显著扩大。

　　综上所述，文化服务价值主要受到经济效应、可更新资源和人类活动效应驱动，其中正向驱动力以ΔG_p和ΔE_{rcu}为主，负向驱动力以ΔR_y和ΔA_f为主。

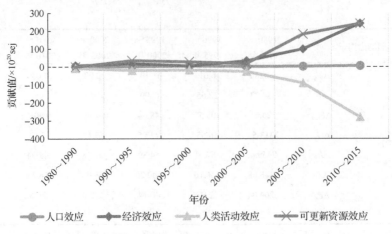

图 5-8　不同类型驱动力因子对 ΔESV_{cu} 的贡献值

五、支持服务价值变化驱动力分析

按照 LMDI 方法对支持服务价值（ESV_{su}）的分析结果如表 5-7 和图 5-9 所示。从结果上看，除 1980～1990 年外，驱动力因子对支持服务价值的变化整体体现为负向驱动力贡献。

1980～1995 年，支持服务价值下降明显。ΔR_y 和 ΔA_f 是负向驱动力贡献者，两者合计贡献值为-95.29×10²⁰sej 和-102.92×10²⁰sej，ΔG_p 和 ΔF 为主要的正向驱动力贡献者，合计贡献值为 89.19×10²⁰sej 和 99.44×10²⁰sej，其他驱动力因子贡献较小。1995～2015 年，ΔESV_{su} 呈倒 U 形发展趋势，最大值出现在 2010 年，表明支持服务价值降低速度有所放缓，但在 2010 年后再次扩大。除了在 2000 年各驱动力因子贡献率相近外，其他时期，ΔR_y 和 ΔA_f 仍然为较大的负向驱动力，ΔG_p 和 ΔF 为较大的正向驱动力。

表 5-7　ESV_{su} 驱动力分解分析结果

驱动力因子		1980～1990 年	1990～1995 年	1995～2000 年	2000～2005 年	2005～2010 年	2010～2015 年
贡献值/×10²⁰sej	ΔU_a	17.74	8.29	15.31	4.74	2.28	13.82
	ΔF	10.68	28.40	22.05	12.16	10.16	12.41
	ΔE_{rsu}	2.80	-0.01	9.90	-8.97	-5.03	3.95
	ΔG_p	78.51	71.04	30.79	36.22	50.25	27.58
	ΔR_y	-83.46	-72.63	-21.27	-21.88	-34.37	-45.23
	ΔA_f	-11.83	-30.29	-25.11	-13.68	-10.64	-13.59
	ΔP_u	-8.96	-3.60	-10.06	-2.76	-1.32	-12.86
	ΔY_g	-5.17	-5.63	-23.90	-6.87	-11.91	12.50
	ΔESV_{su}	0.31	-4.43	-2.29	-1.03	-0.57	-1.43

续表

驱动力因子		1980～1990 年	1990～1995 年	1995～2000 年	2000～2005 年	2005～2010 年	2010～2015 年
贡献率/%	ΔU_a	5767.06	186.86	668.22	457.76	400.20	965.55
	ΔF	3471.48	640.43	962.26	1175.55	1783.17	866.81
	ΔE_{rsu}	909.48	-0.21	431.93	-867.31	-881.94	276.29
	ΔG_p	25518.37	1601.78	1343.42	3501.94	8818.60	1927.26
	ΔR_y	-27127.48	-1637.65	-928.31	-2114.80	-6030.74	-3160.78
	ΔA_f	-3845.97	-683.05	-1095.73	-1322.75	-1867.64	-949.90
	ΔP_u	-2912.39	-81.28	-438.99	-266.62	-231.65	-898.92
	ΔY_g	-1680.55	-126.88	-1042.80	-663.77	-2090.01	873.68

注：为了保证驱动力因子的作用与贡献率一致，对ΔESV_{su}为负的年份在计算贡献率时乘以-1

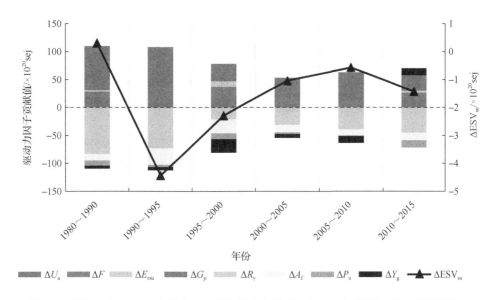

图 5-9　湿地生态系统支持服务价值变化驱动力因素分析（请扫封底二维码查看彩图）

　　对驱动力因子按照特点分类后可以看到（图 5-10），人口效应对ΔESV_{su}的驱动力贡献很低，并且呈下降趋势。经济效应对ΔESV_{su}有正向驱动力贡献，发展趋势呈波动变化，在 2000 年后呈逐渐上升趋势。可更新资源效应在 2000～2005 年和 2005～2010 年对ΔESV_{su}有负向驱动力，其他时间段为正向驱动力，但其贡献率较低，影响不大。人类活动效应对ΔESV_{su}为负向驱动力贡献，呈波动趋势发展，并在 2000 年后呈逐渐扩大趋势。

　　综上所述，支持服务价值主要受到经济效应和人类活动效应驱动，其中正向驱动力以ΔG_p和ΔF为主，负向驱动力以ΔR_y和ΔA_f为主。

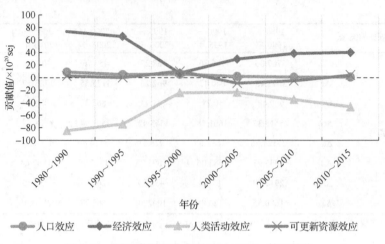

图 5-10　不同类型驱动力因子对 ΔESV_{su} 的贡献值

六、总生态系统服务价值变化驱动力分析

　　按照 LMDI 方法对总生态系统服务价值（ESV_{to}）的分析结果如表 5-8 和图 5-11 所示。从结果上看，驱动力因子对总生态系统服务价值的变化整体体现为正向驱动力贡献。

　　1980～2000 年，ΔESV_{to} 呈较缓上升趋势，表明总生态系统服务价值在增长，但较为缓慢。ΔR_y 和 ΔA_f 是主要的负向驱动力贡献者，ΔG_p 和 ΔF 为主要的正向驱动力贡献者，其他驱动力因子贡献较小。2000 年之后，ΔESV_{to} 呈显著上升趋势，表明总生态系统系统服务价值加速增长。其中，各驱动力因子总体都呈扩大趋势发展，其中，ΔR_y 和 ΔA_f 仍然为主要的负向驱动力，ΔG_p 和 ΔF 为主要的正向驱动力。

表 5-8　ESV_{to} 驱动力分解分析结果

驱动力因子		1980～1990 年	1990～1995 年	1995～2000 年	2000～2005 年	2005～2010 年	2010～2015 年
贡献值 /×10²⁰sej	ΔU_a	209.23	109.31	220.64	75.30	44.12	340.14
	ΔF	125.94	374.64	317.73	193.36	196.59	305.36
	ΔE_{rto}	112.70	117.52	186.94	8.26	195.83	466.29
	ΔG_p	925.80	937.01	443.59	576.02	972.23	678.93
	ΔR_y	−984.18	−958.00	−306.52	−347.85	−664.88	−1113.47
	ΔA_f	−139.53	−399.57	−361.80	−217.57	−205.90	−334.63
	ΔP_u	−105.66	−47.54	−144.95	−43.86	−25.54	−316.67
	ΔY_g	−60.97	−74.22	−344.32	−109.18	−230.42	307.78
	ΔESV_{to}	83.33	59.15	11.30	134.47	282.03	333.74

续表

驱动力因子		1980~1990年	1990~1995年	1995~2000年	2000~2005年	2005~2010年	2010~2015年
贡献率/%	ΔU_a	251.07	184.82	1952.90	55.99	15.64	101.92
	ΔF	151.13	633.42	2812.24	143.80	69.71	91.50
	ΔE_{rto}	135.24	198.70	1654.60	6.14	69.43	139.72
	ΔG_p	1110.95	1584.26	3926.22	428.37	344.72	203.43
	ΔR_y	-1181.01	-1619.74	-2713.02	-258.69	-235.74	-333.64
	ΔA_f	-167.44	-675.58	-3202.32	-161.80	-73.01	-100.27
	ΔP_u	-126.79	-80.39	-1282.97	-32.61	-9.06	-94.89
	ΔY_g	-73.16	-125.50	-3047.65	-81.19	-81.70	92.22

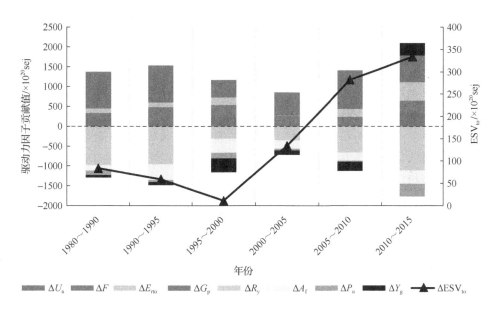

图 5-11 湿地生态系统总生态系统服务价值变化驱动力因素分析（请扫封底二维码查看彩图）

对驱动力因子按照特点分类后可以看到（图 5-12），人口效应对ΔESV_to 的驱动力贡献很低。经济效应对ΔESV_to 有正向驱动力贡献，发展趋势呈波动变化，在 2000 年后呈逐渐上升趋势。可更新资源效应呈波动向上发展趋势，但贡献相对较小。人类活动效应对ΔESV_to 为负向驱动力贡献，呈波动趋势发展，并在 2000 年后呈逐渐扩大趋势。

综上所述，总生态系统服务价值主要受到经济效应和人类活动效应驱动，其中正向驱动力以ΔG_p和ΔF为主，负向驱动力以ΔR_y和ΔA_f为主。

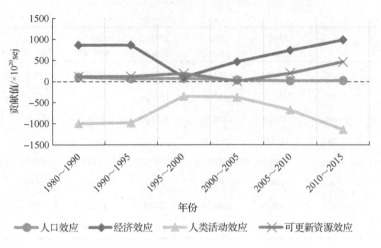

图 5-12　不同类型驱动力因子对ΔESV$_\text{to}$的贡献值

七、讨论

生态系统服务价值变化驱动力的分析表明，对东北地区湿地生态系统服务价值影响最大的驱动力主要来源于经济效应和人类活动效应，可更新资源效应在供给服务价值和文化服务价值中也有较大驱动力影响。通过对 1980～2015 年各阶段驱动力因子的平均值分析（图 5-13），除ΔE$_\text{r}$因子外，调节服务价值受各驱动力因子的影响最大。其次为供给服务价值，并且ΔE$_\text{r}$对其有最大的正向驱动力贡献。文化服务价值和支持服务价值受各驱动力因子的影响相对较小。

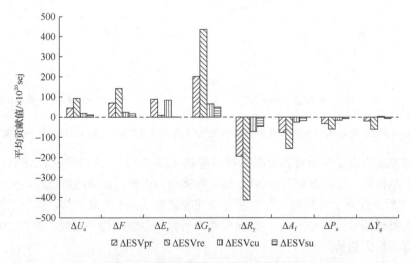

图 5-13　驱动力因子对不同生态系统服务价值的平均贡献值

R$_\text{y}$总体上对湿地生态系统服务价值有最大的负向驱动力贡献，这与当前湿地生态系统发展模式关系较大，已在上节可持续发展分析中进行了分析和讨论，在此不再赘述。E_r 因子实际上也反映了湿地生态系统的发展模式，表达的是单位可更新资源产生的生态系统服务价值。在当前的湿地生态系统中，供给服务价值的来源包括农业、水产业，随着外部投入的增多，其产出对可更新资源的需求越来越小，导致了其对供给服务价值有较大的正向驱动力。在文化服务价值方面，湿地旅游主要关注天然湿地景观，并且与人们的消费能力等有关系，因此单位可更新资源产出的价值越来越高，导致了其对文化服务价值较大的正向驱动力贡献。

ΔG_p 因子为湿地生态系统服务价值变化提供了最大的正向驱动力。GDP 的驱动主要是因为其改变了地区产业结构、消费模式和饮食结构等方面（Alexander et al.，2015）。1980 年东北地区第一产业、第二产业和第三产业的比值为 23∶61∶16，到 2015 年变为 12∶43∶45，可见第三产业已经成为 GDP 中最大的部分。对于供给服务，随着 GDP 的增长，人们在饮食偏好上倾向于鱼类、肉类等多样性化的食物，而非单纯的粮食（Worku et al.，2017），本书中，养殖渔业的产量增加了5291.69%，也证明了这一点。对文化服务而言，经济发展水平的提高，使人们对生活质量有更高的追求，其体现之一就是在旅游消费上有更多的支出。对于调节服务和支持服务，经济发展水平的提高使社会对生存环境有了更多的关注，并且对湿地价值的认知也随之提高，促进了湿地资源的保护。

土地利用类型改变一般被认为是生态系统服务价值改变的直接原因（Tolessa et al.，2017；Ricaurte et al.，2017），例如湿地被开垦为耕地或其他经济发展用地（Sica et al.，2016；Davidson，2014），这导致了生态系统中粮食和水产品等物质资料的供给增加，即供给服务价值增加。然而，湿地面积的损失，对湿地调节服务和支持服务却造成了损害（Zorrilla-Miras et al.，2014）。本书中，1980～2015 年供给服务价值中粮食和养殖业水产品的值增加了 4.82×10^{22}sej，大于调节服务价值和支持服务价值总减少的值 6.87×10^{21}sej。然而，由于数据收集上的限制，湿地最重要的功能——支持服务价值中的生物栖息地功能的价值未能计算。根据第五章估算的栖息地价值（具体计算过程见附录 B.2），由于天然湿地面积的损失，该项价值损失约为 2.53×10^{23}sej（4392.31 亿元），远大于当前湿地生态系统服务价值。由此可以看出，土地利用改变损失的调节服务价值和支持服务价值是远大于可获得的供给服务价值的。此外，湿地面积的损失从短期看对供给服务价值的增加起到了积极作用，但从长远来看并非如此。湿地为社会发展提供了重要的生态支撑作用，例如净化发展产生的污染，若湿地消失将会导致一系列的生态环境问题，社会经济发展也将受到阻碍，因此本书中 A_f 因子的降低对各项服务价值都起到消极的贡献。

此外，城市化对生态系统服务价值的影响在不同尺度和不同地区有所差别。一般在省级以上的大尺度陆地生态系统中，城市化对生态系统服务价值有正向的驱动（Lyu et al., 2018），这与本书的结果一致。但是在城市周边范围内的生态系统服务价值会受到负向的影响（Eigenbrod et al., 2011）。在小尺度范围的生态系统中，城市占用土地较多，大量的自然植被被破坏，导致生态生态系统服务价值减少（Li et al., 2016）。此外，如沿海湿地或沿河湿地，城市建设侵占了原有生态系统的空间（Cui et al., 2016），也会导致生态系统服务价值的损失。

第四节　本 章 小 结

基于 LMDI 方法的分解分析，本章对东北地区湿地生态可持续发展情况和生态系统服务价值变化的驱动力因子进行了分析和探讨。从结果中看，各驱动力因子对可持续发展和生态系统服务的驱动力贡献值虽然不同，但驱动力的方向基本一致。其中，可持续发展与调节服务价值和支持服务价值的主要驱动力因子相同，与供给服务价值和文化服务价值略有差别，具体结论如下。

（1）基于 LMDI 方法从地区社会经济发展、湿地生态系统能量投入和土地利用变化角度构建了湿地生态可持续发展指标 ESI 的 7 个驱动力因子。分析结果表明，G_p（人均 GDP）为可持续发展的主要正向驱动力，R_y（可更新资源利用强度因子）和 A_f（天然湿地压力因子）为主要的负向驱动力。

（2）基于 LMDI 方法从地区社会经济发展、湿地生态系统能量投入和土地利用变化角度构建了湿地生态系统服务价值指标 ESV 的 8 个驱动力因子，并对四类湿地生态系统价值和总价值分别进行了分析。分析结果表明，湿地生态系统服务价值主要受到 G_p（人均 GDP）的正向驱动力，R_y（可更新资源利用强度因子）和 A_f（天然湿地压力因子）的负向驱动力。此外，供给服务价值和文化服务价值还受到 E_r（可更新资源因子）较大的正向驱动力贡献。

第六章　基于湿地生态系统服务价值保障的
可持续发展管理对策分析

生态系统的可持续发展是生态系统能够长久发挥服务价值的基础，也是生态系统管理的重要目标，关系着人类社会福祉。由第五章研究结果可知，各驱动力因子对湿地生态可持续发展和生态系统服务价值变化的驱动力贡献值不同，但驱动力方向基本一致。因此，本章在改变驱动力因子的情况下对生态系统能值流、可持续发展和生态系统服务价值变化进行评估，在湿地生态系统可持续发展目标下保障湿地生态系统服务价值的发挥，提出湿地生态系统管理的对策建议。

第一节　基于驱动力因子的湿地生态系统变化

一、驱动力因子设置

基于 LMDI 法对湿地生态系统可持续发展和生态系统服务价值的分析结果，R_y 因子虽然负向驱动力较大，但在当前阶段相对难以调控。A_f 因子对两者同样有较大的负向驱动力贡献，并且是当前能够通过调控改善生态系统当前状态的最有效途径。

A_f 因子是天然湿地面积与外部资源投入的比值，代表外部资源，投入对天然湿地的压力因子，反映人类活动对天然湿地的干扰强度。从该因子的构成上看，增大天然湿地面积，减少外部资源投入可以有效地提高该因子的值。因此，考虑湿地生态系统发展和社会发展需求，设置以下几个情景，并对相应情景下的湿地生态系统可持续发展状况和生态系统服务价值的变化进行分析，为未来湿地管理和规划提供参考。

情景 A：不施用化肥和农药。此情景主要从减少外部资源投入角度考虑，当前化肥和农药施用引发了许多生态环境问题，例如水体的富营养化、生物多样性的减少等。由于系统内的耕地与天然湿地关系密切，因此考虑不施用化肥和农药，减轻对天然湿地的压力。

情景 B：退耕还湿。耕地的扩张是造成天然湿地面积损失的最主要原因，此情景既增加了天然湿地面积，还使外部资源投入随耕地的减少而减少。考虑粮食安全和地区发展需求，将耕地退还为沼泽湿地，设置 B25%（退耕面积 25%）、B50%

（退耕面积 50%）、B75%（退耕面积 75%）和 B100%（全部退耕）四个阶段。此情景下化肥和农药的施用强度按照 2015 年计算。

情景 C：退耕还湿和不施用化肥和农药相结合。退耕同样设置 C25%（退耕面积 25%）、C50%（退耕面积 50%）、C75%（退耕面积 75%）和 C100%（全部退耕）四个阶段。

情景 D：退养还湿。养殖渔业的发展造成了沼泽湿地和滩涂湿地面积的损失，此情景从增加天然湿地面积和减少外部资源投入角度考虑。其中水库和坑塘面积比例按照各 50%计算，将坑塘部分退还为沼泽湿地和滩涂湿地，退还面积两者各占 50%。考虑地区经济发展需求，设置 D25%（退养面积 25%）、D50%（退养面积 50%）、D75%（退养面积 75%）和 D100%（全部退养）四个阶段。

情景 E：退耕还湿、退养还湿和不施用化肥和农药相结合。同样设置四个阶段，E25%（退耕面积 25%，退养面积 25%，不施用化肥）、E50%（退耕面积 50%，退养面积 50%，不施用化肥）、E75%（退耕面积 75%，退养面积 75%，不施用化肥）、E100%全部退耕，全部退养，不施用化肥。

各情景下湿地生态系统的各项数据以 2015 年为基础进行分析，包括土地利用数据、可更新资源数据、不可更新资源数据、外部投入能值强度等。

二、湿地生态系统能值流及可持续发展变化

图 6-1 和图 6-2 分别显示了针对 A_f 因子设定的不同情景下的湿地生态系统能值投入和能值指标的变化。可以看到，在不施用化肥和农药的情景（情景 A）下，外部资源投入减少了 22.98%，虽然造成农业经济产出降低了 33.29%，但是湿地生态系统的能值可持续发展指标 ESI 提升至了 0.86。

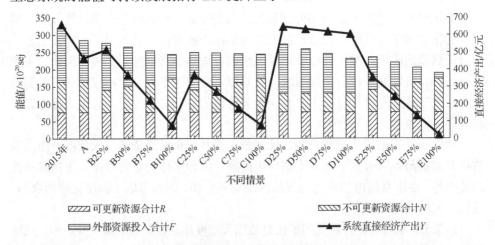

图 6-1　不同情景下湿地生态系统能值投入情况

不施用化肥和农药按照减产 33.29%计算（王旭，2010）

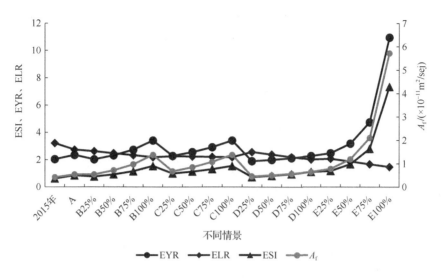

图 6-2　不同情景下湿地生态系统能值指标及 A_f 因子变化

在退耕还湿情景（情景 B）下，外部资源投入下降显著（下降了 54.70%），但随着天然湿地面积的增加，不可更新资源中沉积物能值随之增加，导致湿地生态系统的总能值投入只减少了 24.18%。耕地面积的减少，使湿地生态系统中的经济发展主要依赖水产业和芦苇产业。在能值指标表现方面，EYR 在退耕 25% 情景下与不施用化肥和农药的值基本相等，ELR 在退耕 75% 时与不施用化肥和农药的值基本相等，这表明了化肥和农药的投入对湿地生态系统造成的环境压力较大。ESI 则在退耕 75% 时达到 1.17，使湿地生态系统从消费型生态系统转为具有一定可持续发展能力的生态系统。

在退耕还湿和不施用化肥和农药的情景（情景 C）下，外部资源投入下降速度进一步增强，并且在 25% 进度下，ESI 已经可以达到 1，湿地生态系统开始具有一定的可持续发展能力，在完全退耕后，ESI 进一步提高，达到 1.55。相比于情景 B，情景 C 下 EYR、ELR 和 ESI 在过程中表现都更优异。

在退养还湿情景（情景 D）下，外部资源投入下降了 35.89%，总能值投入降低了 28.09%。养殖渔业的退出造成湿地生态系统的直接经济产出降低了 8.36%。在指标表现方面，坑塘面积退至 75% 时，ESI 达到 0.96，接近 1，湿地生态系统开始由消费型向具有一定可持续能力的系统发展。

在退耕还湿、退养还湿和不施用化肥和农药的情景（情景 E）下，外部资源投入下降明显，在进度为 25% 时，ESI 达到 1.19，湿地生态系统由消费型转为具有一定可持续能力的系统。在该情景全部执行完成后，ESI 值可以达到 7.36，表明湿地生态系统可以在很长时间内保持良好的可持续发展状态。

此外，对 A_f 因子各情景下的分析表明，在当前环境下，A_f 的值至少在 $6.2×10^{-12}m^2/sej$ 以上，ESI 的值才能达到 1，湿地生态系统从消费型生态系统转变为具有一定可持续发展能力的生态系统。

三、湿地生态系统服务价值变化

如图 6-3 所示，在只不施用化肥和农药的情景（情景 A）下，湿地生态系统总服务价值是所有情景中最小的，为 $1.54×10^{23}sej$。主要原因在于不施用化肥和农药导致农业减产，造成供给服务价值受损，而天然湿地面积未发生变化，导致其他生态系统服务价值基本未发生变化。

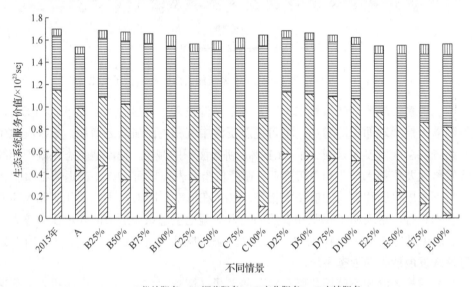

图 6-3　不同情景下湿地生态系统服务价值变化趋势

在退耕还湿情景（情景 B）下，生态系统服务总价值呈微弱减小趋势，由 $1.68×10^{23}sej$ 降低至 $1.64×10^{23}sej$。其中由于耕地面积的减少导致供给服务价值降低了 82.57%，另外三项价值则由于天然湿地面积的增加而增长，特别是支持服务价值和调节服务价值增长显著，分别增长了 57.19% 和 41.89%，导致总价值减小量不大。

在退耕还湿和不施用化肥和农药相结合的情景（情景 C）下，生态系统服务总价值呈增长趋势，由 $1.56×10^{23}sej$ 增长至 $1.64×10^{23}sej$，相对于情景 B，该情景下供给服务价值下降更为显著，但天然湿地面积的相应增加，促使整个生态系统的服务价值向增长方向发展。

在退养还湿情景（情景 D）下，生态系统服务总价值呈微弱减少趋势，由 1.68×10^{23} sej 降低至 1.62×10^{23} sej。其中供给服务价值由于养殖渔业的逐渐退出减少了 13.21%，调节服务价值中由于蓄水调洪价值的减少而略有降低，文化服务价值和支持服务价值则都有所增加。

在退耕还湿、退养还湿与不施用化肥和农药相结合的情景（情景 E）下，生态系统服务价值呈微弱增长趋势，由 1.54×10^{23} sej 增长至 1.56×10^{23} sej。其中，供给服务价值由于耕地和养殖渔业的退出减少明显，共减少了 5.67×10^{22} sej。其他三项价值则随着天然湿地面积的增加而增高，特别是支持服务价值和调节服务价值，分别增加了 57.54% 和 41.26%。

四、讨论

通过对 A_f 因子设置的 5 个情景分析，单纯地增加湿地面积或减少外部资源投入虽然对湿地生态系统的可持续发展有积极影响，但其贡献有限。当天然湿地面积的增加和外部资源投入减少同时作用时，更容易达成可持续发展的目标。

在生态系统服务价值方面，单纯外部资源投入的减少对生态系统服务价值的影响较小，而湿地面积的变化则对其有较大影响。此外，在各情景下，虽然生态系统服务总价值变化不大，但四类价值变化较大。总体上随着天然湿地面积的增加，供给服务价值减少，调节服务价值、文化服务价值和支持服务价值增加。其中，按照第五章对支持服务价值中栖息地服务价值的估算，退耕还湿措施会使该部分价值增加 2.53×10^{23} sej，高于目前生态系统服务总价值。因此，供给服务价值虽然损失较多，但支持服务价值将会得到巨大的增长。

从湿地管理角度来看，在当前环境下 A_f 的值至少在 $6.2 \times 10^{-12} \mathrm{m}^2$/sej 以上，ESI 的值才能达到 1，湿地生态系统才具备一定的可持续发展能力。因此采取适当的方法增加湿地面积，减少人类活动干扰，才能使湿地生态系统保持可持续发展并获得长久的生态系统服务价值。

第二节　湿地生态系统管理对策建议

（1）建立完善湿地生态补偿制度。湿地生态补偿制度是为了保证生态系统服务供给的可持续性，以经济手段为主调相关利益关系的一种制度。退耕还湿、退养还湿与不施用化肥和农药等措施是生态补偿的内容之一，经过对三类措施的分析进一步明确了其对湿地生态系统可持续发展改善和生态系统服务价值提升的积极作用，因此应尽快建立完善的湿地生态补偿制度，改善湿地生态系统当前的情况。

（2）发展湿地产业，调整产业结构。湿地虽然是非常重要的生态系统，但如果不能保证周边地区的发展需求，湿地将再次遭受损害，变成以湿地换经济效益的发展模式，这样对湿地生态系统的长期发展显然是不利的。在驱动因子中人均GDP 因子（G_p）、城市化因子（P_u）和城市人口因子（U_a）的驱动力贡献也表明了若地区社会经济发展水平降低，对湿地的发展有不利影响。因此，对湿地生态系统而言，科学合理地开发湿地资源以获取经济利益并满足周边地区的经济发展需求，是湿地长期可持续发展的保证。在本书中，芦苇产业在不损失湿地面积的同时，经济效益也得到了一定满足，因此种植湿地植物是湿地产业发展的方向之一。除了芦苇外，芡实、水生花卉产业也都具有较好的经济效益（Lu et al.，2017）。此外，随着社会经济发展水平的提高，湿地旅游成了人们的重要选择之一，因此，加强对湿地资源和景观的保护，发展湿地旅游产业也是不损失湿地面积且能获得经济效益的重要方向。

（3）提高可更新资源的利用率。在所有驱动力因子中，R_y 对湿地生态系统可持续发展和生态系统服务价值具有重要影响。该因子的改善有赖于产业模式的调整和科学技术的进步。在产业模式方面，发展对可更新资源利用率更高的产业，例如发展湿地相关产业，如上一段提到的芦苇产业，还可以发展循环农业、循环水产业。在科学技术进步方面，可以通过可更新资源替代化石燃料来提高可更新资源的利用率。

第三节　本 章 小 结

本章根据湿地生态系统可持续发展和生态系统服务价值的驱动力分析结果，对在目前阶段可调控的驱动力因子 A_f 设置了五类情景，分别为不施用化肥和农药（情景 A）、退耕还湿（情景 B）、退耕还湿与不施用化肥和农药相结合（情景 C）、退养还湿（情景 D）和退耕还湿、退养还湿与不施用化肥和农药相结合（情景 E），并对各情景下湿地生态系统状态进行了评价，为湿地生态系统管理提出了对策建议，结果如下。

（1）在五类情景下，湿地生态系统外部资源投入降低，能值可持续发展指标ESI 得到了改善，能够从现在的消费型生态系统转为具有一定可持续发展能力的生态系统。并且在情景 E 下，湿地生态系统的 ESI 达到了 7.36，具有优异的可持续发展能力。

（2）在五类情景下，湿地生态系统服务总价值受供给服务价值的损失而略有降低，但调节服务价值、文化服务价值和支持服务价值得到了较大的增长，特别是栖息地服务价值得到了巨大的增长。

（3）根据分析结果，从建立完善湿地生态补偿制度、发展湿地产业和调整产业结构、提高可更新资源利用率三个方面对湿地生态系统可持续发展改善和生态系统服务价值提升提出了建议，为湿地生态系统管理和规划提供了参考。

第七章　区域湿地生态补偿技术

第一节　研　究　方　法

本章基于东北地区区域角度对湿地生态系统的生态补偿技术开展研究，补偿技术从地区经济发展和湿地资源保护角度出发，通过生态系统服务功能价值对区域内部和外部生态补偿标准进行核算。

一、区域内部生态补偿标准估测模型

借鉴金艳（2009）和熊凯（2015）的研究成果构建湿地生态补偿估测模型。若研究单元生态系统服务功能价值量与当地生产总值的差值大于该地区总体差值的平均值，表示该研究单元生态有盈余，这说明该研究单元的生态系统能够保证当地经济发展的同时，还有多余的生态资源可以提供给其他地区消费，应该获得生态补偿。反之，若其差值小于该地区总体差值的平均值，则该研究单元生态有亏损，这说明该研究单元的生态资源不能完全保证当地经济发展的需求，而是借助了其他地区的生态资源，需要支付生态补偿。根据这一研究思路，可构造出东北地区湿地研究单元间的补偿模型：

$$Y_i = Y_a - Y_b = \left(EC_i - \frac{W_i}{S_i} GDP_i \right) - \left(\sum_{i=1}^{n} EC_i - \sum_{i=1}^{n} \frac{W_i}{S_i} GDP_i \right) / n \qquad (7\text{-}1)$$

式中，Y_i 代表第 i 个研究单元的生态盈亏状况；Y_a 代表第 i 个研究单元生态系统服务功能价值与该研究单元地区生产总值之间的差值；Y_b 代表东北地区总体湿地生态系统服务功能价值量与地区生产总值之间差值的平均值；EC_i 代表研究区的第 i 个研究单元生态系统服务功能价值量，由前文计算得出；W_i 为第 i 个研究单元的湿地面积，数据来源为获取的 2015 年东北地区土地利用情况；S_i 为第 i 个研究单元的土地面积，数据来源为获取的 2015 年东北地区土地利用情况；GDP_i 为第 i 个研究单元的 GDP，数据来源于各省 2015 年统计年鉴。

二、区域外部生态补偿标准估测模型

基于史培军等（2005）关于生态系统服务功能价值和社会经济发展的研究，构建东北地区湿地外部生态补偿标准。以生态系统服务功能价值和 GDP 之差作为研究区湿地外部生态补偿标准的基础数据。

外部生态补偿标准估测模型如下：

$$Y_k = EC_i - \frac{W_i}{S_i} GDP_i \qquad (7-2)$$

式中，Y_k 是研究区生态系统服务功能价值与该研究单元地区生产总值之间的差值，代表生态系统和研究区社会经济发展水平的考察指标；EC_i 代表研究区的第 i 个研究单元生态系统服务功能价值量，由前文计算得出；W_i 为第 i 个研究单元的湿地面积，数据来源为获取的 2015 年东北地区土地利用情况；S_i 为第 i 个研究单元的土地面积，数据来源为获取的 2015 年东北地区土地利用情况。

三、基于皮尔曲线的支付意愿

生态系统服务价值与经济社会发展水平以及居民的生活水平具有紧密的关系。生态系统服务价值是动态发展的，伴随经济社会和人民生活水平的不断提高，生态系统服务价值逐渐被人们认识、理解和重视，人们对生态环境保护和建设的支付意愿也逐渐提高。人们对生态系统服务的付费（支付）意愿与人们所处的生活阶段息息相关，当人们的基本生活尚不能得到保障的时候，很难充分认识并愿意支付生态系统服务价值，当且仅当人们的生活水平达到一定高度后，比如小康或富裕阶段，人们对环境舒适的需求才会上升，支付意愿也将随之提高。

皮尔（R. Pearl）曲线恰恰是用来描述特定变量在发展初期增长缓慢，到中期增速加快，随后进入平稳增长期，直到最后阶段达到饱和的过程。因此可以利用皮尔曲线从宏观角度描述人们对生态系统服务价值支付意愿的变化情况。其数学模型如下：

$$k = \frac{L}{1 + ae^{-bt}} \qquad (7-3)$$

式中，e 是自然对数的底；a、b、L 为常数；k 为支付意愿，令 k 对时间 t 的二阶导数等于零，求解该曲线的拐点，此时 $k=0.5L$。当 a、b、L 均等于 1 时，就可以得到简化的皮尔曲线：

$$k = \frac{1}{1 + e^{-t}} \qquad (7-4)$$

图 7-1 中，横轴代表社会发展阶段的不同水平；纵轴代表人们对生态系统服务价值的支付意愿。从上式中还可以看到，当社会发展和人们生活水平较低时，可解释为人们对生态系统服务价值的支付意愿为零；而当社会发展和人们生活水平较高时，可解释为人们对生态系统服务价值的相对支付意愿水平达到100%，即人们愿意对所有的生态系统服务价值付费。

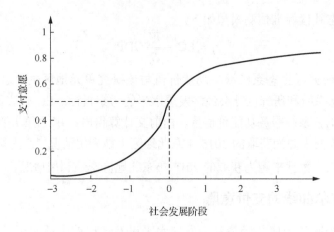

图 7-1　简化的皮尔曲线

恩格尔系数（Engel's coefficient）表示食品支出总额占个人消费支出总额的比值，可以作为描述社会经济和人们生活水平发展阶段的指标。因此，通过必要的数学转换将恩格尔系数与皮尔曲线的横坐标相对应，得到皮尔曲线与恩格尔系数的关系曲线。如图 7-2 所示，纵坐标为人们的支付意愿，横坐标为发展阶段。通过查阅统计年鉴数据，可以得到恩格尔系数，进而得到支付意愿的系数，将其与估算得到的生态系统服务功能价值做乘积可得到生态补偿的上限值。

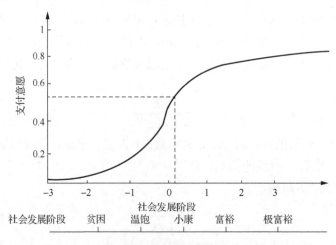

图 7-2　皮尔曲线与恩格尔系数关系曲线

四、基于生态系统服务功能价值损失的生态补偿标准

针对企业占用湿地进行开发建设活动，采取如下方法计算其生态补偿标准：

$$Q = A \times \mathrm{EC} \tag{7-5}$$

式中，Q 代表损失的生态系统服务功能价值/支付的生态补偿；A 代表占用湿地面积；EC 代表单位面积的生态系统服务功能价值。

五、意愿调查法

采用访问式调查，了解湿地周边农牧民对湿地资源保护的支付意愿、湿地生态补偿的受偿意愿和偏好的生态补偿方式。

第二节　生态补偿技术

本节以东北地区 2015 年为基准，统计计算 2015 年湿地生态系统服务价值及各项基础数据，构建东北地区湿地生态补偿框架。

一、东北地区各省支付意愿系数

根据各地区 2015 年统计年鉴，可获得恩格尔系数，代入式（7-4）后，可获得东北地区各行政区的支付意愿系数，详见表 7-1。

表 7-1　东北地区生态补偿支付意愿系数计算

序号	行政区	恩格尔系数	支付意愿系数 k
1	黑龙江省	0.2762	0.5686
2	吉林省	0.2723	0.5677
3	辽宁省	0.2827	0.5702
4	内蒙古自治区的四个市（盟）	0.3189	0.5791

二、东北地区湿地内部生态补偿标准估测模型

1）生态补偿标准

根据湿地内部生态补偿标准计算公式，得出东北地区湿地内部补偿标准，见表 7-2，计算过程见表 7-3。

表 7-2　东北地区湿地内部补偿标准估算

序号	行政区	补偿标准/亿元	内部补偿/支付
1	黑龙江省	567.33	内部补偿
2	吉林省	−452.79	内部支付
3	辽宁省	−596.14	内部支付
4	内蒙古自治区的四个市（盟）	489.52	内部补偿

表 7-3　东北地区湿地内部生态补偿标准估算

序号	行政区	EC/亿元	GDP/亿元	土地面积 /万 km²	湿地面积 /万 km²	W/S	Y_a /亿元	Y_b /亿元	Y/亿元	k	补偿标准 /亿元	内部补偿支付
1	黑龙江省	2879.40	15083.70	45.25	2.97	0.0656	1889.93	—	997.76	0.5686	567.33	内部补偿
2	吉林省	557.93	14063.13	18.37	0.61	0.0330	94.52	—	-797.65	0.5677	-452.79	内部支付
3	辽宁省	558.86	28669.00	14.84	0.37	0.0248	-153.32	—	-1045.49	0.5702	-596.14	内部支付
4	内蒙古自治区的四个市（盟）	1963.63	5836.99	46.23	1.79	0.0387	1737.56	—	845.38	0.5791	489.52	内部补偿
	均值	—	—	—	—	—	—	892.17	—	—	—	—
	合计	5960.16	63652.82	124.69	5.74	—	—	—	—	—	—	—

注：W/S 为湿地面积与土地面积比值

从表 7-2 中可知，黑龙江省和内蒙古自治区的四个市（盟）都需要内部补偿，补偿标准分别为 567.33 亿元和 489.52 亿元，主要是因为两地湿地生态系统服务功能价值比较高，但 GDP 相对较低，造成其内部补偿的金额较大。吉林省和辽宁省的生态补偿值为负值，需要进行内部支付，支付金额分别为 452.79 亿元和596.14 亿元。

　　2）生态补偿主客体

生态补偿主体：根据对生态补偿标准的核算，东北地区内部生态补偿的主体为吉林省和辽宁省。

生态补偿客体：根据对生态补偿标准的核算，东北地区内部生态补偿的客体为黑龙江省和内蒙古自治区的四个市（盟）。

　　3）生态补偿方式

　　（1）财政补偿。

吉林省和辽宁省位于黑龙江省和内蒙古自治区的四个市（盟）下游。上游两行政区为保护湿地生态环境，限制或禁止对湿地进行开发，生态环境保持良好发展，为下游两行政区水质等改善做出贡献，基于这一原因，下游应对上游给予补偿。这一补偿可以通过财政转移的方式补偿给黑龙江省和内蒙古自治区的四个市（盟）。

　　（2）基础设施建设补偿。

吉林省和辽宁省可以通过基础设施建设的方式对黑龙江省和内蒙古自治区的四个市（盟）因保护湿地致使其自身发展落后的地区进行补偿，帮助其摆脱困境。

　　（3）技术/智力补偿。

生产技术落后以及缺乏人才也是导致生态补偿客体（黑龙江省、内蒙古自治区的四个市（盟））经济欠发达的主要原因，相对而言生态补偿主体（吉林省、辽宁省）人才数量较多，技术较为成熟先进。因此，让补偿主体提供人才和技术对补偿客体进行培训，可更好地促进补偿客体的经济发展，达到较好的生态补偿效果。

三、东北地区湿地外部生态补偿标准估测模型

　　1）生态补偿标准

根据湿地外部生态补偿标准计算公式，得出东北地区湿地外部补偿标准，具体见表 7-4，计算过程见表 7-5。

表 7-4　东北地区湿地外部补偿标准估算

序号	行政区	补偿标准/亿元	是否需要外部补偿
1	黑龙江省	1074.63	需要外部补偿
2	吉林省	53.66	需要外部补偿
3	辽宁省	−87.42	不需要外部补偿
4	内蒙古自治区的四个市（盟）	1006.14	需要外部补偿
合计	—	2047.01	—

由表 7-4 可知，东北地区四个行政区中除辽宁省外都需要外部补偿，表明东北地区湿地为东北以外区域提供了大量的生态系统服务功能价值。其中，黑龙江省所需数额最大为 1074.63 亿元，经计算，东北地区整体所需的外部补偿额度为 2047.01 亿元。

2）生态补偿主客体

生态补偿主体如下。

（1）中央政府。随着经济的发展，环境问题愈发严重。东北地区作为全国湿地面积分布最广泛的地区，在蓄水调洪、生物多样性保护、大气调节等方面都有重要的生态功能，对我国生态环境的安全稳定发展具有重要作用。中央政府应该对东北地区的湿地进行生态补偿，是东北地区湿地外部生态补偿的最主要主体。

（2）世界自然基金会。东北地区有 12 块湿地属于国际重要湿地，也是全球鸟类迁徙的重要驿站，为全球生物多样性和生态系统健康发展做出了重要贡献，应该对东北地区湿地进行补偿。因此，世界自然基金会应该是东北地区湿地生态补偿的主体之一。

东北地区湿地外部生态补偿的客体是东北地区的黑龙江省、吉林省和内蒙古自治区的四个市（盟）三个省级行政区，辽宁省不需外部补偿，东北地区所需的生态补偿总金额为 2047.01 亿元。

3）生态补偿方式

（1）中央财政补偿。

在当前践行绿水青山就是金山银山的理念和生态文明建设的时代背景下，国家要求保护好湿地资源。对部分地区而言，保护湿地限制了其经济发展。因此，需要国家的财政支持这些地区的经济发展，即需要对这些地区进行生态补偿。

（2）成立湿地保护基金。

东北地区有国家、省级等各级湿地相关保护区 200 余处，其中有 12 块湿地列入国际重要湿地名录，是鸟类重要的迁徙通道。但保护湿地以及鸟类取食地等导致部分地区发展受到限制，农民利益遭受损失，因此可成立湿地保护基金，并通过生态项目建设等方式获取国际、国内的保护组织或企业等的支持，更好地保护东北地区湿地资源。

表 7-5 东北地区湿地外部生态补偿标准估算

序号	行政区	EC/亿元	GDP/亿元	土地面积/万 km²	湿地面积/万 km²	W/S	Yₖ/亿元	k	补偿标准/亿元	外部补偿支付
1	黑龙江省	2879.74	15083.70	45.25	2.97	0.0656	1889.93	0.5686	1074.63	需外部补偿
2	吉林省	557.93	14063.13	18.37	0.61	0.0330	94.52	0.5677	53.66	需外部补偿
3	辽宁省	558.86	28669.00	14.84	0.37	0.0248	-153.32	0.5702	-87.42	不需外部补偿
4	内蒙古自治区的四个市（盟）	1963.63	5836.99	46.23	1.79	0.0387	1737.56	0.5791	1006.14	需外部补偿
	合计	5960.16	63652.82	124.69	5.74		3568.69		2047.01	

第三节　本　章　小　结

　　本章考虑各行政区湿地生态系统服务功能价值差异，从东北地区湿地生态系统总体的角度研发了区域湿地生态补偿技术。

　　（1）内部补偿模型结果表明，黑龙江省和内蒙古自治区的四个市（盟）需要内部补偿，金额分别为 567.33 亿元和 489.52 亿元；吉林省和辽宁省需要进行内部支付，金额分别为 452.79 亿元和 596.14 亿元；生态补偿主体为吉林省和辽宁省，生态补偿客体为黑龙江省和内蒙古自治区的四个市（盟）；生态补偿方式为财政补偿、基础设施建设补偿和技术/智力补偿。

　　（2）外部补偿模型表明，东北地区湿地为东北以外区域提供了大量的生态系统服务功能价值，除辽宁省外都需要进行外部补偿，东北地区整体所需的外部补偿额度为 2047.01 亿元；生态补偿主体为中央政府和世界自然基金会，生态补偿客体为黑龙江省、吉林省和内蒙古自治区的四个市（盟）；生态补偿方式为中央财政补偿和成立湿地保护基金。

第八章 东北地区典型湿地——辽河口湿地分析

第一节 辽河口湿地概况

辽河口湿地位于辽宁省盘锦市境内的辽河入海口处,受到辽河、大辽河、大凌河等诸多河流的冲积。河流携带的大量营养物质在河口处与海水相互作用发生沉积,形成了适宜多种生物繁衍生息的生境。辽河口湿地类型主要包括芦苇沼泽、滩涂、浅海海域、河流、水库及水稻田六种,主要保护对象为河口湿地生态系统和丹顶鹤、黑嘴鸥等重要濒危物种。本书中所指辽河口湿地是指由辽宁辽河口国家级自然保护区(2015 年前名称为辽宁双台河口国家级自然保护区)和盘锦辽河口省级自然保护区共同组成的区域。

辽河口湿地是东亚鹤类、雁类迁徙的重要停歇地,也是东亚鸻鹬类迁徙的重要停歇地。这些鸟类南迁时,辽河口湿地是它们取食的第一站,鸻鹬类北迁时,辽河口湿地是它们取食的最后一站。每年经辽河口湿地迁飞或繁殖的鸟类多达292 种、数百万只以上。其中,辽宁双台河口国家级自然保护区(现辽宁辽河口国家级自然保护区)先后加入了"东亚及澳大利亚涉禽迁徙航道保护区网络"和"东北亚鹤类网络"。2004 年,被批准列入《国际重要湿地名录》。

辽河口湿地的大地构造位于华北地台东北部,区域构造位于辽河断陷的构造位置上。下辽河盆地是中生代的断陷盆地,自中生代形成之后,在第三纪时期由于北东向断裂的控制作用,盆地发生了大幅度下沉,并在其内部发生强烈的分异作用,形成一系列的隆起和凹陷。地貌类型为辽河、大辽河、大凌河等河流下游的沉积平原,地势低洼平坦,海拔高度为 1.3~4.0m,坡降为 1/25000~1/20000,地处辽东湾辽河入海口处,河道明显,多苇塘泡沼和潮间带滩涂(图 8-1)。

辽河口湿地地处中纬度地带,属于北温带半湿润季风性气候区。区内多年平均气温为 8.4℃,春季平均气温为 8.7℃,夏季平均气温为 23.1℃,秋季平均气温为9.9℃,冬季平均气温为-7.8℃。年平均降水量为 623.2mm,主要集中在夏季。夏季平均降水量为 392.1mm,占全年降水总量的 62.9%。全年日照时数为 2768.5h,超过辽宁省的平均值。日照时数的年内变化呈双峰型,5 月是最高峰,为278.5h;9 月是次高峰,为 250h。由于受渤海影响,风速和风向变化较小,年平均风速为 4.3m/s,全年主导风向为西南风。土壤由潮滩盐土、滨海盐土、草甸盐土、沼泽盐土构成。植物约有 217 种,隶属于 40 科,其中豆科 12 种、禾本科 8 种、菊科 26 种、莎草科 9 种等。植物多为草本，包括芦苇、翅碱蓬、香蒲、牛鞭草、慈姑、荆三棱、东北茵陈蒿等，芦苇为分布面积最广阔的优势种类。

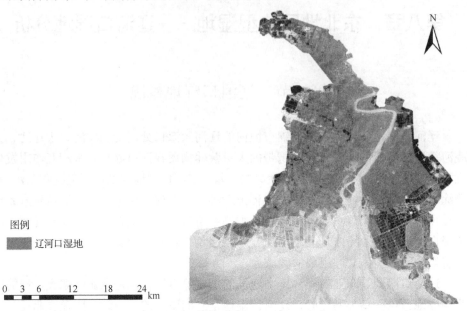

图例
　■　辽河口湿地

0　3　6　　　12　　　18　　　24 km

图 8-1　辽河口滨海湿地位置示意图（请扫封底二维码查看彩图）

　　长期以来，人们缺乏对湿地保护的正确认识，加之过度的开发利用，对辽河口湿地发展造成了影响，因此有必要投入生态补偿项目，保证湿地健康发展。

　　当然，辽河口湿地面临的主要问题包括以下内容。

　　（1）湿地水利设施不完善，湿地缺水退化。

　　盘锦多数河流已成季节性河流，自然径流量较小，河水不能自然流入芦苇湿地，需要水利配套设施补水，而大部分水利工程及其配套设施为计划经济时期建设，加之缺少资金投入，大部分水利工程及其配套设施年久失修，不能正常排灌，直接影响水资源的合理利用。此外，传统的苇田生产方式也造成了水资源的浪费，水资源匮乏已导致湿地退化、影响动植物栖息和生存。因此，需要投入生态补偿项目，改善湿地缺水现状。

　　（2）湿地生态环境脆弱，生物多样性降低。

　　随着近年来经济发展和开发建设用地规模不断扩大，滩涂被围垦，芦苇沼泽被开发，石油开采和道路修建等导致盘锦湿地面积不断萎缩。生产垃圾和废弃物的随意弃置严重破坏了湿地生态。城市化的冲击，使得许多天然湿地成为工农业废水和生活污水的承泄区，生物多样性受到严峻挑战，栖息和生活在湿地的物种种类和种群数量不断减少。辽河口湿地周边存在大量的水稻田，施用的化肥和农药等造成的非点源污染对土壤、植物、水生生物生存和鸟类取食都造成了影响。此外，人类旅游观光也给湿地带来了一定的污染压力。因此，需要投入生态补偿项目，修复湿地，改善湿地的生态环境。

（3）地区经济发展受阻。

为了保护辽河口湿地生态系统的健康稳定，盘锦市取消了辽河口生态经济区，实施退耕还湿、退养还滩、不施农药等措施，这在一定程度上制约了地区经济发展，因此有必要进行生态补偿。

第二节　辽河口湿地生态系统稳定性研究

一、辽河口湿地生态系统稳定性评价指标体系

结合辽河口湿地具体情况，采用 CSR 评价模型，构建了湿地评价指标体系和评价标准，运用层次分析评价方法，通过湿地稳定性分级、指标权重划分、矩阵构建等评价过程，对辽河口湿地生态系统稳定性进行综合评价。

进行湿地生态系统稳定性评价过程中，评价指标体系的构建是关键的一步。湿地作为三大生态体系之一，是非常复杂的系统，稳定性评价指标体系的构建必须选择最具代表性、相关性、敏感度高的评价因子，才能形成系统、全面、科学的评价指标体系。

（一）指标体系构建

1. 指标选取原则

对于湿地生态系统稳定性评价的指标选取，需要从研究区内部、外部、多尺度、多属性的复杂关系开始考虑，选取的指标体系尽量能够覆盖和反映湿地的自然属性，同时具备合理性、可推广性与稳定性。本书采用统计学的相关性分析方法，筛选出独立性强、同时能够全面指示湿地稳定性各类干扰的指标。以下为构建指标遵循的原则。

1）科学性原则

所谓的科学性原则就是明确研究对象范畴和评价目的，充分了解评价对象，才能够科学地制定反映对象本质关系的指标体系，这是进行正确评价的前提和保障。指标体系的建立应该有科学的理论根据。辽河口湿地生态系统稳定性评价指标体系应建立在充分认识、系统研究辽河口湿地生态系统的科学基础上，能客观

地反映辽河口湿地生态系统发展的状态，并能较好地量度辽河口湿地生态系统稳定性主要目标实现的程度。

2）系统性原则

所谓系统性原则就是把整个辽河口湿地生态系统划分成若干个子系统，每个子系统又可以单独作为一个有机的整体，能够从侧面反映系统的稳定性状况。指标体系应全面反映被评价对象的各方面情况，还要善于从中抓住主要因素，使评价指标既能反映系统的直接效果，又能反映系统的间接效果。辽河口湿地生态系统是一个多因素、多目标的复杂系统，为了使其能反映系统的内部结构与功能，又能够正确评估系统与外部环境的关联，将辽河口湿地生态系统进行层次分析，根据辽河口湿地生态系统的特点动态地转移评价重点，做到既全面、科学，又要具体情况具体评价。

3）代表性原则

所谓代表性原则就是任何一个评价对象都有一系列可被观测到的指标，单个指标，往往只能反映该系统某个方面的性质，可以通过选择这些指标来代表系统各方面的属性。为避免评价指标体系过于复杂、庞大，且要保证评价结果的准确性，所以评价指标的构建必须选择具有广泛代表性的评价指标。评价辽河口湿地生态系统稳定性所选取的评价指标中可能存在的某些指标与景观要素特征有关也和生态环境、人类活动等因素有关，要尽量选取能够代表其主要性状的指标。鉴于辽河油田对盘锦区域内的重要影响，本书根据辽河口湿地的实际情况，在借鉴其他学者提出的指标基础上，将石油开采对湿地影响的指标涵盖进评价指标体系当中，使所选取评价体系更能够准确地反映该湿地生态系统的稳定性现状。

4）可操作性原则

所谓可操作性原则就是指标体系中的指标取舍要考虑数据获取的难易程度，指标是否可以量化，同样也要考虑获取数据的准确性与可靠性。指标尽量具有可推广性且简单明了容易获取。进行湿地生态系统稳定性评价时所选取的指标要求简单、可操作性强，而且指标数据能够在较短时间内得到，评价工作期限内完全可以取得，一定要具有可行性，才能为评价结果提供科学有效的信息。所以评价指标包括可调查或监测得到的原始数据、通过对原始数据计算得到的二次数据和一些定性描述的状态指标等。要保证这些评价指标具有明确的现实指代含义，符合行业规范，便于获得和进一步的规范管理。

5）定性与定量相结合的原则

所谓定性与定量相结合的原则，指在辽河口湿地生态系统稳定性评价过程中，既有易于定量化的指标，也有难于定量化的定性指标。对定性指标要明确其含义，并按照某种标准赋值，使其恰如其分地反映指标的性质。将定性与定量指标结合起来，而且都要有清晰的概念和确切的计算方法。

6）绝对指标和相对指标相结合的原则

绝对指标反映系统的规模和数量，相对指标反映系统在某些方面的强度或性能。衡量辽河口湿地生态系统"优劣"的很多指标是会随时间而发展变化的。因此，必须将绝对指标与相对指标相结合起来使用，才能全面地描述辽河口湿地生态系统的特征。

7）实用性原则

指标体系力求达到层次清晰、指标精炼、指标量化所需资料收集方便、数据易得、计算简单。指标含义明确且易于理解，并且应具有可操作性、可比性、有针对性，使之具有实际应用与推广的价值。

8）稳定性原则

只有保证辽河口湿地生态系统各个环节稳定，无衰退、萎缩或消亡，才能保证辽河口湿地生态系统健康发展，才能实现辽河口湿地生态系统的功能。因此，建立辽河口湿地生态系统稳定性评价指标体系必须坚持稳定性原则，从而使辽河口湿地生态系统全方位、全过程选取能够反映辽河口湿地生态系统稳定性的指标。

2. 基于 CSR 模型指标体系的构建

成因-状态-结果（CSR）模型是从系统演化的观点出发，将生态环境的演化视为"外界输入—系统结构改变—系统功能改变"的过程，分别监测生态环境演化的成因（cause），演化的过程、规律和演化过程中的状态（state）变化，演化造成的结果（result）。基于 CSR 模型构建的指标体系主要用于查明湿地退化的原因、规律及其所造成的危害，对其退化机制形成科学的认识。基于 CSR 模型构建的指标体系是湿地研究的基础，只有查明湿地退化的成因、过程和危害，了解湿地退化的机制，才能开展相应的评价、管理和规划工作。因此，本节只构建了基于 CSR 模型的湿地退化地学监测指标体系。

3. 稳定性评价指标的选取

本书在 CSR 模型的基础上，深入了解辽河口湿地生态环境和社会经济现状，以此为依据从成因、状态、结果方面选取能够切实反映辽河口湿地生态系统稳定性特点的指标，构建具有 3 层结构的生态系统稳定性评价指标体系（表 8-1）。该指标体系以生态系统稳定性评价作为目标层，第 2 层次为项目层，包含成因、状态、结果 3 个项目；第 3 层次为因素层，分为气候、水文、潮汐、人为、湿地景观、湿地水质、湿地土壤、调节功能、净化功能、物质生产功能和气候调节；第 4 层次是指标层，包含可直接获取和调查到的指标。

表 8-1　基于 CSR 模型的辽河口湿地生态系统稳定性评价指标体系

目标层（A）	项目层（B）	因素层（C）	指标层（D）
辽河口湿地生态系统稳定性评价（A_1）	成因（B_1）	气候（C_1）	年平均温度（D_1）
			年降水量（D_2）
			年蒸发量（D_3）
		河流水文（C_2）	河流径流量（D_4）
			河流含沙量（D_5）
		潮汐（C_3）	潮汐潮位（D_6）
		人为（C_4）	油田开采（D_7）
			渔业养殖（D_8）
			土地利用率（D_9）
			化肥施用量（D_{10}）
	状态（B_2）	湿地景观（C_5）	景观破碎度（D_{11}）
			香农多样性指数（D_{12}）
			优势度（D_{13}）
			斑块数（D_{14}）
		湿地水质（C_6）	氨氮（水体）（D_{15}）、总氮（D_{16}）
			总磷（D_{17}）、化学需氧量（D_{18}）
		湿地土壤（C_7）	氨氮（土壤）（D_{19}）、硝态氮（D_{20}）
			亚硝态氮（D_{21}）、铅（D_{22}）
	结果（B_3）	调节功能（C_8）	湿地面积（D_{23}）
		净化功能（C_9）	进出口水质等级（D_{24}）
		物质生产功能（C_{10}）	植物生物量（D_{25}）
		气候调节（C_{11}）	植物冠层内温度（D_{26}）

　　成因指标层包含 4 个二级指标。气候因素选取几个对湿地影响较大的指标，包括年平均温度、年降水量和年蒸发量；又因河口湿地的独特性，选取水文因素中影响湿地变化的河流径流量和河流含沙量两个指标，选取潮汐因素中影响潮汐变化的潮汐潮位；人为因素选取指标主要与当地开发利用湿地资源的方式相结合，通过调查研究，影响辽河口湿地的人为因素主要为油田开采、渔业养殖、土地利用率及化肥施用量。

　　状态指标层包含 3 个二级指标。湿地景观选取了景观破碎度、香农多样性指数、优势度和斑块数指标；湿地水质以国家《地表水环境质量标准》（GB 3838—2002）为依据，将各水质评价指标超标倍数及其占全部超标倍数总和的百分比作为综合污染的贡献因子，按照其比值大小排序，比值越大说明该评价因子超标情况越严重，最终选择氨氮（NH₃-N）（水体）、总氮（total nitrogen，TN）、总磷（total phosphorus，TP）和化学需氧量（chemical oxygen demand，COD）4 个指标；湿地土壤选取了具有代表性的氨氮（土壤）、硝态氮、亚硝态氮和铅 4 个指标。

结果指标层包含 4 个二级指标。外界的输入导致了系统结构发生变化，进而使整个湿地功能发生变化，发生变化的主要指标有调节功能、净化功能、物质生产功能和气候调节，其中调节功能以湿地面积表示，净化功能以进出口水质等级表示，物质生产功能以植物生物量表示，气候调节以植物冠层内温度表示。

（二）稳定性评价指标分级

基于众多学者的研究成果，并结合辽河口湿地生态系统的具体情况，建立辽河口湿地生态系统稳定程度分级标准（表 8-2）。

表 8-2　辽河口湿地生态系统稳定程度及特征描述

稳定程度	区间
不稳定	0～0.2
较不稳定	0.2～0.4
一般稳定	0.4～0.6
较稳定	0.6～0.8
稳定	0.8～1.0

（三）层次分析法确定指标权重

1. 层次分析法的基本原理

层次分析法（analytic hierarchy process，AHP）是国际著名运筹学家托马斯·萨蒂（Thomas L. Saaty）在 20 世纪 70 年代提出的，综合了人们主观判断且简明、实用的定性与定量相结合的系统分析与评价方法。该方法通过将问题分解成若干层次，再将同一层次中的元素进行两两比较，以此确定出相对重要性及权重。AHP特别适合具有复杂结构的目标评价问题，它将研究目标分解为多个准则层，再将准则层分解为若干层次，如此目标问题转向结构化、清晰化，可以使决策者统筹兼顾、周全考虑，并且可以将定性的问题通过专家咨询模糊量化。目前该方法已经发展成为较成熟的方法，被广大专家学者接受。

2. 层次分析法的基本步骤

1）构建判断矩阵
根据研究问题建立层次结构模型，将问题中包含的因素划分为不同层次，根据递阶层次结构构造判断矩阵。构造判断矩阵需要结合专家询问法，由专家根据经验确定评价指标间的重要性标度，即针对判断准则，其中两指标相比的重要性标度及含义如表 8-3 所示。

表 8-3　重要性标度及含义表

重要性标度	两指标相比	含义诠释
1	同等重要	指标 i 和指标 j 对评价结果同样重要
3	稍微重要	指标 i 比指标 j 对评价结果略微重要
5	明显重要	指标 i 比指标 j 对评价结果显著重要
7	重要得多	指标 i 比指标 j 对评价结果突出重要
9	极端重要	指标 i 比指标 j 对评价结果极端重要

注：2、4、6、8 表示上述判断的中间值；元素 i 与元素 j 的重要性之比为 a_{ij}，则元素 j 与元素 i 的重要性之比为 a_{ji}。以上各数的倒数 $a_{ij} = 1/a_{ji}$

构建目标层、项目层判断矩阵如下：

$$\begin{bmatrix} A_1 & B_1 & B_2 & B_3 \\ B_1 & b_{11} & b_{12} & b_{13} \\ B_2 & b_{21} & b_{22} & b_{23} \\ B_3 & b_{31} & b_{31} & b_{33} \end{bmatrix}$$

该判断矩阵满足：$b_{ii}=1$，$b_{ij}=b_{ji}^{-1}$（i,j=1、2、3），例如，b_{21} 是 B_2 相对于 B_1 对目标层的重要性，其余以此类推。用同样方法可以构建 B_1-C、B_2-C、B_3-C 层次间的判断矩阵。

层次分析法主要判断各层次各因素的相对重要性（比例），这个比例用数值 1~9 及其倒数作为标度来定义判断矩阵 $A=(a_{ij})_{n×n}$（表 8-3）。判断矩阵是 AHP 的出发点。判断矩阵是表示本层次与上一层次有关因素间的相对重要性。

2）层次单排序及一致性检验

在计算单准则下权重向量时，还必须进行一致性检验。在判断矩阵的构造中，并不要求判断具有传递性和一致性，但应该要求判断矩阵满足大体上的一致性。如果出现"甲比乙重要，乙比丙重要，而丙又比甲重要"的判断，则显然是违反常识的，这可能导致决策上的失误。因此要对判断矩阵的一致性进行检验，具体步骤如下。

（1）计算判断矩阵的特征值和特征向量问题，即判断矩阵 A 满足：

$$AW = \lambda_{\max} W \tag{8-1}$$

式中，W 为对应于 $\lambda_{\max}$ 的正规化特征向量；$\lambda_{\max}$ 为 A 的最大特征值；W 的分量均为正分量，最后将所求的权重向量作归一化处理即为所求。

（2）计算一致性指标 CI（consistency index）：

$$CI = \frac{\lambda_{\max} - n}{n - 1} \qquad (8\text{-}2)$$

式中，n 表示判断矩阵阶数。

（3）查找相应的平均随机一致性指标 RI（random index）（表 8-4）。

表 8-4 平均随机一致性指标

n	RI
1	0
2	0
3	0.52
4	0.89
5	1.12
6	1.24
7	1.36
8	1.41
9	1.46

（4）计算一致性比例 CR（consistency ratio）：

$$CR = \frac{CI}{RI} \qquad (8\text{-}3)$$

当 CR＜0.1 时，认为判断矩阵的一致性是可以接受的；当 CR ≥ 0.1 时，应该对判断矩阵做适当修正。

3）层次总排序及一致性检验

最后得到最低层各方案元素对目标排序的权重值，对方案进行选择。层次总排序也需要进行一致性检验，需满足 CR＜0.1。

项目层各准则（B_1、B_2、B_3）的总权重就是它的单权重，其值即为判断矩阵（A_1-B）的特征向量，因素层各指标的总权重计算公式如下：

$$W_i = \sum_{k=1}^{4} b_i W_i^k \qquad (8\text{-}4)$$

式中，i =1,2,3,…,10。

3. 评价指标权重的确定

1）层次单排序结果及一致性检验

根据各层次、各元素的相对重要性比较值，得到相应的判断矩阵和单一准则下各层次排序（表 8-5～表 8-19）。

表 8-5 判断矩阵 A_1-B 及排序结果

	B_1	B_2	B_3	权重 W	一致性检验
B_1	1	3	7	0.6491	λ_{max}=3.0649
B_2	1/3	1	5	0.2790	CI=0.0325
B_3	1/7	1/5	1	0.0719	CR=0.0624

表 8-6 判断矩阵 B_1-C 及排序结果

	C_1	C_2	C_3	C_4	权重 W	一致性检验
C_1	1	1/3	1/3	1/7	0.0625	λ_{max}=4.0735
C_2	3	1	1	1/5	0.1514	CI=0.0245
C_3	3	1	1	1/5	0.1514	CR=0.0275
C_4	7	5	5	1	0.6347	

表 8-7 判断矩阵 B_2-C 及排序结果

	C_5	C_6	C_7	权重 W	一致性检验
C_5	1	5	5	0.7142	λ_{max}=4.0735
C_6	1/5	1	1	0.1429	CI=0
C_7	1/5	1	1	0.1429	CR=0

表 8-8 判断矩阵 B_3-C 及排序结果

	C_8	C_9	C_{10}	C_{11}	权重 W	一致性检验
C_8	1	3	1	1/5	0.1619	λ_{max}=4.0571
C_9	1/3	1	1/3	1/7	0.0651	CI=0.0190
C_{10}	1	3	1	1/3	0.1813	CR=0.0214
C_{11}	5	7	3	1	0.5917	

表 8-9 判断矩阵 C_1-D 及排序结果

	D_1	D_2	D_3	权重 W	一致性检验
D_1	1	5	7	0.7306	λ_{max}=3.0649
D_2	1/5	1	3	0.1884	CI=0.0325
D_3	1/7	1/3	1	0.0810	CR=0.0624

表 8-10　判断矩阵 C_2-D 及排序结果

	D_4	D_5	权重 W	一致性检验
D_4	1	3	0.75	λ_{max}=2.00
D_5	1/3	1	0.25	CI=0
				CR=0

表 8-11　判断矩阵 C_3-D 及排序结果

	D_6	权重 W	一致性检验
D_6	1	1	λ_{max}=1.00
			CI=0
			CR=0

表 8-12　判断矩阵 C_4-D 及排序结果

	D_7	D_8	D_9	D_{10}	权重 W	一致性检验
D_7	1	1/3	1/5	3	0.1175	λ_{max}=4.1170
D_8	3	1	1/3	5	0.2622	CI=0.0390
D_9	5	3	1	7	0.5650	CR=0.0438
D_{10}	1/3	1/5	1/7	1	0.0553	

表 8-13　判断矩阵 C_5-D 及排序结果

	D_{11}	D_{12}	D_{13}	D_{14}	权重 W	一致性检验
D_{11}	1	1/3	1/5	1	0.0955	λ_{max}=4.0435
D_{12}	3	1	1/3	3	0.2495	CI=0.0145
D_{13}	5	3	1	5	0.5595	CR=0.0163
D_{14}	1	1/3	1/5	1	0.0955	

表 8-14　判断矩阵 C_6-D 及排序结果

	D_{15}	D_{16}	D_{17}	D_{18}	权重 W	一致性检验
D_{15}	1	1/5	1/3	1/3	0.0782	λ_{max}=4.0435
D_{16}	5	1	3	3	0.5222	CI=0.0145
D_{17}	3	1/3	1	1	0.1998	CR=0.0163
D_{18}	3	1/3	1	1	0.1998	

表 8-15　判断矩阵 C_7-D 及排序结果

	D_{19}	D_{20}	D_{21}	D_{22}	权重 W	一致性检验
D_{19}	1	5	5	3	0.0955	λ_{max}=4.0435
D_{20}	1/5	1	1	1/3	0.0955	CI=0.0145
D_{21}	1/5	1	1	1/3	0.5595	CR=0.0163
D_{22}	1/3	3	3	1	0.2495	

表 8-16　判断矩阵 C_8-D 及排序结果

	D_{23}	权重 W	一致性检验
D_{23}	1	1	λ_{max}=1.00
			CI=0
			CR=0

表 8-17　判断矩阵 C_9-D 及排序结果

	D_{24}	权重 W	一致性检验
D_{24}	1	1	λ_{max}=1.00
			CI=0
			CR=0

表 8-18　判断矩阵 C_{10}-D 及排序结果

	D_{25}	权重 W	一致性检验
D_{25}	1	1	λ_{max}=1.00
			CI=0
			CR=0

表 8-19　判断矩阵 C_{11}-D 及排序结果

C_{11}	D_{26}	权重 W	一致性检验
D_{26}	1	1	λ_{max}=1.00
			CI=0
			CR=0

　　从表 8-4～表 8-19 可以看出，一致性比例 CR 均小于 0.1，说明层次单排序达到满意的一致性。

2）层次总排序结果及一致性检验

根据式（8-4）得到因素层和指标层对于总目标层的总权重，即合成权重见表 8-20 和表 8-21。

表 8-20　因素层合成权重

权重	B_1	B_2	B_3	合成权重
	0.6491	0.2790	0.0719	
C_1	0.0625	0	0	0.0406
C_2	0.1514	0	0	0.0983
C_3	0.1514	0	0	0.0983
C_4	0.6347	0	0	0.4120
C_5	0	0.7142	0	0.1992
C_6	0	0.1429	0	0.0399
C_7	0	0.1429	0	0.0399
C_8	0	0	0.1619	0.0116
C_9	0	0	0.0651	0.0047
C_{10}	0	0	0.1813	0.0130
C_{11}	0	0	0.5917	0.0425

对总权重进行一致性检验，结果如下：

$$CI = \sum b_k CI_k = 0.0173$$

$$RI = \sum b_k RI_k = 0.7868$$

$$CR = \frac{CI}{RI} = 0.0220$$

从结果可以看出，总权重一致性比例 CR＜0.1，认为层次总排序达到满意的一致性。

表 8-21　指标层合成权重

权重	C_1	C_2	C_3	C_4	C_5	C_6	C_7	C_8	C_9	C_{10}	C_{11}	合成权重
	0.0406	0.0983	0.0983	0.4120	0.1992	0.0399	0.0399	0.0116	0.0047	0.0130	0.0425	
D_1	0.7306	0	0	0	0	0	0	0	0	0	0	0.0297
D_2	0.1884	0	0	0	0	0	0	0	0	0	0	0.0077
D_3	0.0810	0	0	0	0	0	0	0	0	0	0	0.0033
D_4	0	0.7500	0	0	0	0	0	0	0	0	0	0.0737
D_5	0	0.2500	0	0	0	0	0	0	0	0	0	0.0246

权重	C_1 0.0406	C_2 0.0983	C_3 0.0983	C_4 0.4120	C_5 0.1992	C_6 0.0399	C_7 0.0399	C_8 0.0116	C_9 0.0047	C_{10} 0.0130	C_{11} 0.0425	合成权重
D_6	0	0	1	0	0	0	0	0	0	0	0	0.0983
D_7	0	0	0	0.1175	0	0	0	0	0	0	0	0.0484
D_8	0	0	0	0.2622	0	0	0	0	0	0	0	0.1080
D_9	0	0	0	0.5650	0	0	0	0	0	0	0	0.2328
D_{10}	0	0	0	0.0553	0	0	0	0	0	0	0	0.0228
D_{11}	0	0	0	0	0.0955	0	0	0	0	0	0	0.0190
D_{12}	0	0	0	0	0.2495	0	0	0	0	0	0	0.0497
D_{13}	0	0	0	0	0.5595	0	0	0	0	0	0	0.1115
D_{14}	0	0	0	0	0.0955	0	0	0	0	0	0	0.0190
D_{15}	0	0	0	0	0	0.0782	0	0	0	0	0	0.0031
D_{16}	0	0	0	0	0	0.5222	0	0	0	0	0	0.0208
D_{17}	0	0	0	0	0	0.1998	0	0	0	0	0	0.0078
D_{18}	0	0	0	0	0	0.1998	0	0	0	0	0	0.0078
D_{19}	0	0	0	0	0	0	0.5595	0	0	0	0	0.0223
D_{20}	0	0	0	0	0	0	0.0955	0	0	0	0	0.0038
D_{21}	0	0	0	0	0	0	0.0955	0	0	0	0	0.0038
D_{22}	0	0	0	0	0	0	0.2495	0	0	0	0	0.0100
D_{23}	0	0	0	0	0	0	0	1	0	0	0	0.0117
D_{24}	0	0	0	0	0	0	0	0	1	0	0	0.0047
D_{25}	0	0	0	0	0	0	0	0	0	1	0	0.0131
D_{26}	0	0	0	0	0	0	0	0	0	0	1	0.0426

对总权重进行一致性检验，结果如下：

$$CI = \sum b_k CI_k = 0.0214$$

$$RI = \sum b_k RI_k = 0.6361$$

$$CR = \frac{CI}{RI} = 0.0337$$

从结果可以看出，总权重一致性比例 CR<0.1，认为层次总排序达到满意的一致性。

根据以上检验结果，按照层次分析法，将整个评价指标划分成 4 个层次，确定辽河口湿地稳定性评价体系权重。最终权重如表 8-22 所示。

表 8-22　评价指标权重

目标层	项目层	因素层	指标层	指标权重
辽河口湿地生态系统稳定性评价	成因 (0.6491)	气候 (0.0406)	年平均温度	0.0297
			年降水量	0.0077
			年蒸发量	0.0033
		河流水文 (0.0983)	河流径流量	0.0737
			河流含沙量	0.0246
		潮汐 (0.0983)	潮汐潮位	0.0983
		人为 (0.4120)	油田开采	0.0484
			渔业养殖	0.1080
			土地利用率	0.2328
			化肥施用量	0.0228
	状态 (0.2790)	湿地景观 (0.1993)	景观破碎度	0.0190
			香农多样性指数	0.0497
			优势度	0.1115
			斑块数	0.0190
		湿地水质 (0.0399)	氨氮（水体）	0.0031
			总氮	0.0208
			总磷	0.0078
			COD	0.0078
		湿地土壤 (0.0399)	氨氮（土壤）	0.0223
			硝态氮	0.0038
			亚硝态氮	0.0038
			铅	0.0100
	结果 (0.0719)	调节功能 (0.0425)	湿地面积	0.0117
		净化功能 (0.0130)	进出口水质等级	0.0047
		物质生产功能 (0.0047)	植物生物量	0.0131
		气候调节 (0.0116)	植物冠层内温度	0.0426

（四）稳定值计算

本节对辽河口湿地生态系统稳定性的评价从两种尺度考察：小尺度稳定性，

主要是年内生态系统的波动；考察年内变幅大、波动明显的指标。大尺度稳定性，即年际生态系统的波动；考察年内变化不显著或难以统计，但年际变化明显的指标。

具体考虑如下。

（1）有些指标年内变化明显，波动幅度大，年际每月波动情况大致相同，虽然每年也会有差别，但是相对于年内各月的变化幅度，年际整体上的波动并不是很大，同时年内剧烈的变化能够直接影响生态系统的稳定性，所以按月平均指标值对其稳定性进行分析，一般为湿地内部相应指标的变化。如净化功能稳定性、湿地水质稳定性、湿地土壤稳定性。

（2）有些指标年内变化不显著或难以统计，但年际变化明显，则主要考察指标年际的稳定性，以大尺度波动情况分析，一般为辽河口湿地相应指标。如气候稳定性、河流水文稳定性、潮汐稳定性、人为稳定性、湿地景观稳定性、调节功能稳定性、物质生产功能稳定性、气候调节稳定性。

综上，各指标稳定值计算结果如下，并按照表 8-2 确定其稳定状态。

（1）C_1 气候稳定性（大尺度年际）：

$$D_1 = \frac{85.8}{108.6} = 0.790$$

$$D_2 = \frac{3494}{10817} = 0.323$$

$$D_3 = \frac{399.6}{565.3} = 0.707$$

式中，D_1 属于较稳定状态；D_2 属于较不稳定状态；D_3 属于较稳定状态。

（2）C_2 河流水文稳定性（大尺度年际）：

$$D_4 = \frac{2.95}{75.61} = 0.039$$

$$D_5 = \frac{0.17}{3.65} = 0.047$$

式中，D_4、D_5 均属于不稳定状态。

（3）C_3 潮汐稳定性（大尺度年际）：

$$D_6 = \frac{1.040}{1.435} = 0.725$$

式中，D_6 属于较稳定状态。

（4）C_4 人为稳定性（大尺度年际）：

$$D_7 = \frac{900}{1552} = 0.580$$

$$D_8 = \frac{14880}{348500} = 0.043$$

$$D_9 = \frac{9.43}{31.27} = 0.302$$

$$D_{10} = \frac{24216}{54624} = 0.443$$

式中，D_7 属于一般稳定状态；D_8 属于不稳定状态；D_9 属于较不稳定状态；D_{10} 属于一般稳定状态。

（5）C_5 湿地景观稳定性（大尺度年际）：

$$D_{11} = \frac{0.508}{0.796} = 0.638$$

$$D_{12} = \frac{1.580}{1.961} = 0.806$$

$$D_{13} = \frac{0.170}{0.720} = 0.236$$

$$D_{14} = \frac{656}{1027} = 0.639$$

式中，D_{11} 属于较稳定状态；D_{12} 属于稳定状态；D_{13} 属于较不稳定状态；D_{14} 属于较稳定状态。

（6）C_6 湿地水质稳定性（小尺度年内）：

$$D_{15} = \frac{0.526}{1.909} = 0.276$$

$$D_{16} = \frac{14.921}{22.138} = 0.674$$

$$D_{17} = \frac{106.793}{865.652} = 0.123$$

$$D_{18} = \frac{1.289}{2.863} = 0.450$$

式中，D_{15} 属于较不稳定状态；D_{16} 属于较稳定状态；D_{17} 属于不稳定状态；D_{18} 属于一般稳定状态。

（7）C_7 湿地土壤稳定性（小尺度年内）：

$$D_{19} = \frac{3.403}{3.714} = 0.916$$

$$D_{20} = \frac{0.181}{0.197} = 0.919$$

$$D_{21} = \frac{0.009}{0.010} = 0.900$$

$$D_{22} = \frac{0.597}{0.661} = 0.903$$

式中，D_{19}、D_{20}、D_{21}、D_{22} 均属于稳定状态。

（8）C_8 调节功能稳定性（大尺度年际）：

$$D_{23} = \frac{886.969}{1168.728} = 0.759$$

式中，D_{23} 属于较稳定状态。

（9）C_9 净化功能稳定性（小尺度年内）：

$$D_{24} = \frac{\dfrac{0.526}{1.909} + \dfrac{14.921}{22.138} + \dfrac{106.793}{226.980} + \dfrac{2.000}{2.358}}{4} = 0.567$$

式中，D_{24} 属于一般稳定状态。

（10）C_{10} 物质生产功能稳定性（大尺度年际）：

$$D_{25} = \frac{257075}{611160} = 0.421$$

式中，D_{25} 属于一般稳定状态。

（11）C_{11} 气候调节稳定性（大尺度年际）：

$$D_{26} = \frac{\dfrac{85.8}{108.6} + \dfrac{3494}{10817} + \dfrac{399.6}{565.3}}{3} = 0.607$$

式中，D_{26} 属于较稳定状态。

至此，每个指标的稳定值及稳定程度都已得出，现结合表 8-22 分析，确定出辽河口湿地生态系统稳定值，最终统计结果如表 8-23 所示。

表 8-23　评价指标权重及目标层稳定值

目标层	项目层权重	因素层权重	指标层权重	指标稳定值	目标层稳定值
辽河口湿地生态系统稳定性评价	成因 (0.6491)	气候 (0.0406)	年平均温度 (0.0297)	年平均温度 (0.790)	0.410
			年降水量 (0.0077)	年降水量 (0.323)	
			年蒸发量 (0.0033)	年蒸发量 (0.707)	
		河流水文 (0.0983)	河流径流量 (0.0737)	河流径流量 (0.039)	
			河流含沙量 (0.0246)	河流含沙量 (0.047)	
		潮汐 (0.0983)	潮汐潮位 (0.0983)	潮汐潮位 (0.725)	
		人为 (0.4120)	油田开采 (0.0484)	油田开采 (0.580)	
			渔业养殖 (0.1080)	渔业养殖 (0.043)	
			土地利用率 (0.2328)	土地利用率 (0.302)	
			化肥施用量 (0.0228)	化肥施用量 (0.443)	
	状态 (0.2790)	湿地景观 (0.1993)	景观破碎度 (0.0190)	景观破碎度 (0.638)	
			香农多样性指数 (0.0497)	香农多样性指数 (0.806)	
			优势度 (0.1115)	优势度 (0.236)	
			斑块数 (0.0190)	斑块数 (0.639)	
		湿地水质 (0.0399)	氨氮（水体）(0.0031)	氨氮（水体）(0.276)	
			总氮 (0.0208)	总氮 (0.674)	
			总磷 (0.0078)	总磷 (0.123)	
			COD (0.0078)	COD (0.450)	
		湿地土壤 (0.0399)	氨氮（土壤）(0.0223)	氨氮（土壤）(0.916)	
			硝态氮 (0.0038)	硝态氮 (0.919)	
			亚硝态氮 (0.0038)	亚硝态氮 (0.900)	
			铅 (0.0100)	铅 (0.903)	
	结果 (0.0719)	调节功能 (0.0425)	湿地面积 (0.0117)	湿地面积 (0.759)	
		净化功能 (0.0130)	进出口水质等级 (0.0047)	进出口水质等级 (0.567)	
		物质生产功能 (0.0047)	植物生物量 (0.0131)	植物生物量 (0.421)	
		气候调节 (0.0116)	植物冠层内温度 (0.0426)	植物冠层内温度 (0.607)	

（五）稳定性分析

1. 目标层稳定性评价分析

由表 8-23 可知，目标层稳定值为 0.410，属于一般稳定程度，与稳定程度有一定差距。这表明辽河口湿地生态系统各结构、功能及生境条件等方面还没能较好地协调并发挥作用，湿地生态系统并没有达到稳定的程度。就整体状况而言，辽河口湿地生态系统仍存在一些问题，仍需系统内部自行调节和人为措施的帮助。

2. 项目层稳定性评价分析

相对整体稳定性而言，项目层权重最大的是成因指标，权重为 0.6491。成因指标稳定性直接影响着生态系统的各个环节，如果成因指标失稳，则最有可能导致整个辽河口湿地生态系统出现波动。

对整体稳定性而言，项目层所占权重次之的是状态指标，权重为 0.2790。状态指标对湿地景观及生态系统内部环境都有一定的影响，良好的内部环境可以保证湿地功能的正常发挥，有助于整个系统处在健康的环境中运作。

项目层结果指标所占权重为 0.0719。湿地功能是生态系统重要的价值体现，调节功能、净化功能、物质生产功能、气候调节都是生态系统重要的功能表现。

3. 因素层稳定性评价分析

在因素层中，所占权重大小的顺序为人为>湿地景观>河流水文=潮汐>调节功能>气候>湿地水质=湿地土壤>净化功能>气候调节>物质生产功能。由此顺序可以看出，人为因素和湿地景观因素是影响辽河口湿地生态系统稳定性的主要因素。分析其原因，主要是受人口持续增长和社会经济发展的影响，人民生活物质资料需求增加，促使农业和渔业等第一产业迅速发展对湿地造成了影响。同时，辽河油田发展不断扩大，主要分布在湿地中部区域，因油田开采和交通道路的铺设使得湿地内河流西侧区域面积减小且破碎程度急剧增加对湿地景观造成了重大影响。

4. 指标层稳定性评价分析

在指标层中，香农多样性指数、氨氮（土壤）、硝态氮、亚硝态氮、铅指标都达到了稳定状态；年平均温度、年蒸发量、潮汐潮位、景观破碎度、斑块数、湿地面积、植物冠层内温度指标均达到了较稳定状态；油田开采、化肥施用量、COD、植物生物量指标均为一般稳定状态；年降水量、土地利用率、优势度、氨氮（水体）、总氮指标为较不稳定状态；河流径流量、河流含沙量、渔业养殖、总磷、进出口水质等级指标为不稳定状态。

其中土地利用率指标的权重值为 0.2328，为指标层中所占权重最大的指标，但其稳定程度为较不稳定状态，说明湿地生态系统内人为活动非常多。渔业养殖指标的权重值为 0.1080，为成因指标中权重第二大指标，其稳定程度为不稳定状态，这点是值得引起关注的。化肥施用量指标的权重值为 0.0228，据辽宁统计年鉴数据可知化肥施用量有着明显的逐年增加趋势，相关部门应该加强政策引导，在生态系统可承受的范围内，维持其稳定性，否则会对辽河口湿地生态系统产生一定的影响。河流径流量与河流含沙量指标的权重值分别为 0.0737、0.0246，其稳定程度处于不稳定状态，水文因素直接影响着相关功能的发挥和生物群落的组成，应该加强监管。油田开采为一般稳定状态，相关部门应引起重视。年平均温度、年蒸发量与潮汐潮位目前处于较稳定状态，年降水量为较不稳定状态，波动较大，受气候大环境影响。

就权重来看，香农多样性指数处于稳定状态，波动不大。景观破碎度、斑块数均处于较稳定状态，整体上提升了系统的稳定性。湿地景观因素中优势度指标的权重值为 0.1115，为指标层中权重第二大指标，但其稳定值仅为 0.236，相关的管理部门应对其加以重视。

湿地水质平均指标稳定值为 0.381，目前处于较不稳定状态，良好的水质有利于生态系统的稳定和湿地功能的正常发挥。目前湿地水质主要面临人为因素和自然因素双方面的挑战。就人为因素而言，污染源主要来源于城镇生活、养殖、油田开采等陆源及捕捞等内源，当污染物超出辽河口湿地净化能力极限时，会破坏水生生物原本的平衡，进而影响辽河口湿地的水质净化能力，如此，形成恶性循环，最终导致整个系统失去稳定性，因此，辽河口湿地的水质应该作为重中之重去研究。相比于湿地水质，湿地土壤稳定程度较高。

最终，通过指标值与权重相乘再加和，计算出气候指标稳定值为 0.695，处于较稳定状态；水文指标稳定值为 0.041，处于不稳定状态；潮汐指标稳定值为 0.725，处于较稳定状态；人为指标稳定值为 0.275，处于较不稳定状态；湿地景观指标稳定值为 0.455，处于一般稳定状态；湿地水质指标稳定值为 0.488，处于一般稳定状态；湿地土壤指标稳定值为 0.912，处于稳定状态；调节功能指标稳定值为 0.759，处于较稳定状态；净化功能指标稳定值为 0.567，处于一般稳定状态；物质生产功能指标稳定值为 0.421，处于一般稳定状态；气候调节指标稳定值为 0.607，处于较稳定状态；整体上，辽河口湿地生态系统稳定值为 0.410，处于一般稳定状态。

二、辽河口湿地生态系统稳定性关键过程分析

（一）湿地景观安全格局子系统研究

1. 湿地面积

由表 8-24 可知，1985～2015 年辽河口天然湿地面积持续下降，人工湿地面积和非湿地面积不断增加。

表 8-24　1985～2015 年辽河口湿地各土地利用类型面积变化

单位：km^2

		1985 年	1989 年	1995 年	2000 年	2005 年	2009 年	2015 年
天然湿地	芦苇湿地	413.689	448.520	416.485	395.855	379.093	384.940	377.019
	碱蓬湿地	12.888	30.798	7.747	17.664	7.171	14.973	16.213
	混合湿地	18.388	43.055	37.670	25.196	16.050	10.941	11.503
	滩涂	345.021	290.747	175.627	193.546	124.348	86.076	95.610
	河流、浅海	378.742	349.184	385.069	344.909	412.629	424.043	386.625
	天然湿地总面积	1168.728	1162.304	1022.625	977.170	939.290	920.974	886.969
人工湿地	运河、沟渠	22.861	23.609	24.134	27.704	27.656	23.181	22.100
	水田	15.167	16.114	91.934	110.750	106.596	102.888	99.693
	水产养殖场	5.700	18.068	58.543	61.036	91.372	102.533	116.298
	池塘、水库	18.330	5.801	11.139	15.104	16.703	21.924	25.765
	人工湿地总面积	62.058	63.592	185.750	214.593	242.327	250.526	263.856
非湿地	旱田	0.000	0.000	0.000	7.433	11.098	16.723	34.472
	建筑及住宅用地	29.253	30.465	36.383	37.203	39.411	40.195	41.712
	油田及设施用地	9.322	10.900	13.488	17.570	20.830	23.329	24.237
	交通道路用地	21.069	23.170	32.185	36.461	37.475	38.684	39.185
	非湿地总面积	59.645	64.535	82.056	98.668	108.813	118.931	139.606

由表 8-24 数据和图 8-2 图像的变化可知，芦苇湿地主要分布在河流两侧，且界限向内推移。芦苇湿地面积呈先增加后减少趋势：在 1985～1989 年，小幅增加 34.83km^2，后逐年递减，在 1985 年时芦苇湿地占整个湿地面积的 32.06%，到 2015 年仅占 29.22%，下降了 2.84%。滩涂在 1985～2015 年逐年递减，从 1985 年占整个湿地面积的 26.74%，降至 2015 年的 7.41%，下降了 19.33%，在 1989～1995 年，

滩涂面积缩减了 115.12km²；7 期图片中直观显示原滩涂湿地逐步转变为水田和水产养殖场等人工湿地。虽从表 8-24 中可以看出碱蓬湿地与混合湿地变化幅度明显，但占地面积较小，两者面积分别仅占辽河口湿地总面积的 1.26%和0.89%。

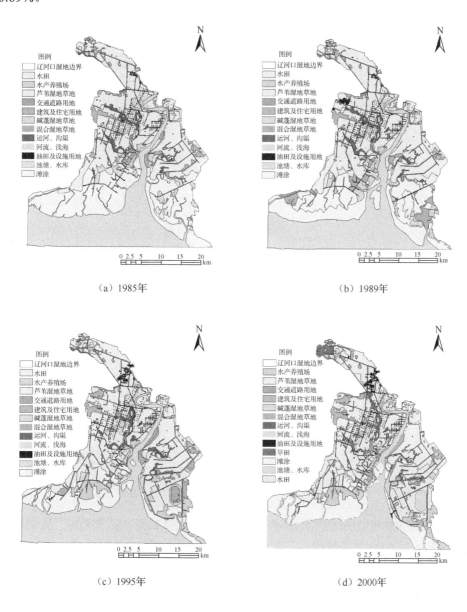

（a）1985年　　　　　　　　　　（b）1989年

（c）1995年　　　　　　　　　　（d）2000年

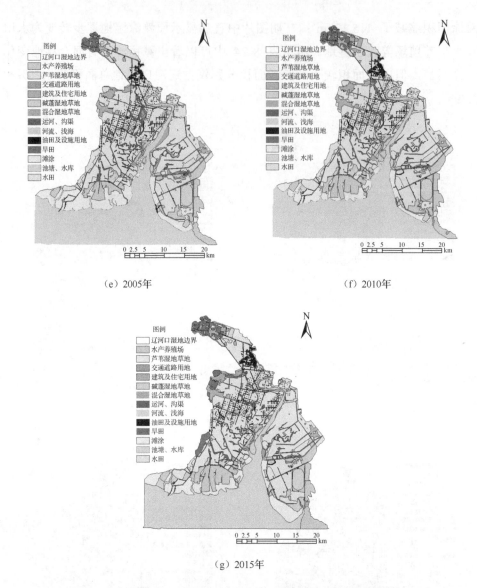

（e）2005年　　　　　　　　　　　　　　（f）2010年

（g）2015年

图 8-2　7个时期辽河口湿地土地利用图（请扫封底二维码查看彩图）

　　人工湿地面积呈现逐步增长态势，其中，水田呈先增加后减少的趋势，从1985年15.167km²到2000年持续增加，增加到110.750km²，其后有小幅缩减，到2015年减少为99.693km²。水产养殖场则呈现逐年增加趋势，从1985年的5.700km²增长到2015年的116.298km²，共增加了110.6km²。分析其原因，主要是受人口持续增长和社会经济发展的影响，人民生活物质资料需求扩大，促使农业和渔业等第一产业迅速发展，人为将天然湿地规划成人工湿地。在1985~1995年，区域左上角由芦苇湿地逐渐被侵占变为水田，在 2000～2015 年转变为旱田，成为非湿地的组成部分。建筑住宅及交通用地等基础建设的非湿地逐步扩张，以蚕食的方式缓速侵占湿地面积。油田是辽河口湿地区域经济发展的重点，辽河油田主要分布在湿地中部区域，因油田开采和交通道路的铺设使得湿地中部河流西侧区域面积减少且遭到严重破坏且破碎。

由 7 期遥感影像解译结果可见，1985～2015 年，辽河口湿地呈现以芦苇湿地和滩涂为代表的天然湿地面积的锐减，以水田、水产养殖场为代表的人工湿地面积稳步增加和以旱田这种土地利用方式从无到有的非湿地逐步增加的趋势，体现出人类活动对天然湿地生态系统的干扰越来越明显。

2. 辽河口湿地类型动态度

单一土地利用类型动态变化速度 K 的计算公式为

$$K = \frac{U_b - U_a}{U_a} \times \frac{1}{T} \times 100\% \qquad (8\text{-}5)$$

式中，U_a、U_b 分别为研究时间段内初期和末期某种土地利用类型的面积；T 为变化时间段。

由表 8-25 可知，1985～2015 年辽河口湿地动态度由高到低的排序分别为：水产养殖场、水田、油田用地、交通用地、滩涂、建筑用地、池塘水库和混合湿地、碱蓬湿地、芦苇湿地、运河沟渠、河流浅海。其中，水产养殖场、水田、油田用地、交通用地、建筑用地和池塘水库呈上升趋势，滩涂和混合湿地呈下降趋势。碱蓬湿地与河流浅海区域也呈现上升趋势但动态度不大，芦苇湿地和运河沟渠呈下降趋势同样动态度较小。在 1985 年，本书研究区域内无明显旱田区域，旱田主要在 1995 年之后由水田转化而来，在 2000～2015 年 15 年的动态度为 24.25%，变化明显。非湿地类型和人工湿地类型动态度较大，说明辽河口湿地区域城市化逐渐加快，而天然湿地的下降趋势同样表明辽河口湿地持续萎缩退化。

1985～2015 年芦苇湿地动态度较小，仅为-0.295%，主要原因可由表 8-24 得知，在 1985 年芦苇湿地面积为 413.689km²，30 年间逐年缩减，减少了 36.67km²，虽然芦苇湿地逐年萎缩，但由于基础数量较大，芦苇湿地动态度较小。滩涂在 1985～2015 年持续负趋势变化，动态度仅为-2.410%的主要原因同样是因为滩涂面积基础数量大，在 1985 年面积为 345.021km²，到 2015 年仅存 95.610km²，共缩减 249.411km²。在 1985～1995 年 10 年，水田的动态度呈大幅度上升，在 1990～1995 年 5 年动态度达 94.103%；同时段，水产养殖场动态度分别为 43.396%

表 8-25　1985~2015 年辽河口湿地单一土地利用类型动态度表

单位：%

时段	芦苇湿地	碱蓬湿地	混合湿地	滩涂	河流、浅海	运河、沟渠	水田	水产养殖场	池塘、水库	建筑及住宅用地	油田及设施用地	交通道路用地
1985~1989	1.684	27.794	26.830	-3.146	-1.560	0.654	1.248	43.396	-13.670	8.283	3.384	1.994
1989~1995	-1.428	-14.969	-2.489	-7.919	2.055	0.445	94.103	44.801	18.407	3.885	4.748	7.782
1995~2000	-0.990	25.604	-6.632	2.041	-2.086	2.958	4.093	0.852	7.118	0.451	6.053	2.657
2000~2005	-0.847	-11.880	-7.260	-7.151	3.927	-0.034	-0.750	9.940	2.118	1.187	3.711	5.558
2005~2009	0.308	21.758	-6.365	-6.156	0.553	-3.236	-0.696	2.443	6.252	0.398	2.400	0.645
2009~2015	-0.412	1.656	1.026	2.216	-1.765	-0.933	-0.621	2.685	3.504	0.755	0.778	0.259
1985~2015	-0.295	0.860	-1.248	-2.410	0.069	-0.111	18.576	64.676	1.352	1.420	5.333	2.866

和 44.801%。分析其原因,这 10 年间为盘锦市建立初期,社会经济需要迅速发展,生活物资资料的需求大幅度增加,天然湿地向人工湿地大面积转化,受人类活动因素影响严重。

3. 景观指数

景观破碎度表征景观被分割的破碎程度,反映景观空间结构的复杂性,在一定水平上反映了人类对景观的干扰程度。它是由于自然或人类活动所导致的景观由单一连续的整体趋向于复杂不连续的斑块镶嵌体的过程。景观破碎度与人类活动密切相关,能引起原有景观在结构、功能、生态等方面的变化。公式如下:

$$F_i = \frac{N_i}{A_i} \tag{8-6}$$

式中,F_i 为湿地斑块密度;N_i 为湿地景观类型斑块数量;A_i 为湿地景观类型总面积。斑块密度越大,说明单位面积包含的斑块数量越多,景观破碎程度越严重。

随着城市化进程加快、土地利用强度增强,辽河口湿地区域内景观斑块数量增加,平均斑块面积减少趋势直接且明显,由表 8-26 可知,1985 年研究区域内湿地景观斑块共有 656 个,到 2015 年增加至 1027 个,增长幅度为 56.55%;平均斑块面积由 1.967km^2 下降至 1.257km^2,1985~2015 年平均斑块面积减少幅度为 36.10%;景观破碎度由 0.508 个/km^2 变为 0.796 个/km^2,景观破碎度数值持续上升,表明辽河口湿地在 1985~2015 年景观破碎化加剧趋势明显。

表 8-26 1985~2015 年辽河口湿地斑块数量、平均斑块面积和景观破碎度

年份	斑块数量/个	平均斑块面积/(km^2/个)	景观破碎度/(个/km^2)
1985	656	1.967	0.508
1989	727	1.775	0.563
1995	795	1.623	0.616
2000	925	1.395	0.717
2005	966	1.336	0.749
2009	1002	1.288	0.776
2015	1027	1.257	0.796

由图 8-3 可知,在 1995~2000 年,水田面积持续增加,但斑块数量由 43 个减少到 39 个,斑块平均面积增大,水田景观集中成片,景观破碎度较低。在 2005~

2015 年，水田面积持续下降，但斑块数量小幅增加，斑块平均面积减小，水田景观破碎化加重。在 1985～2015 年，水产养殖场面积持续增加，斑块数量波动较大，表明小斑块连接成片，虽然数量少，但面积大幅度增加，景观破碎度低。由于农业和渔业的发展，水田和水产养殖场斑块数量呈持续增加趋势，景观破碎化严重。

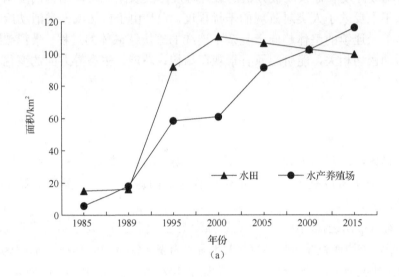

（a）

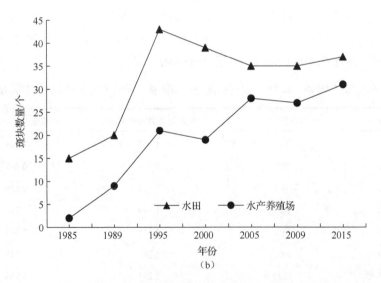

（b）

图 8-3　水田和水产养殖场面积及斑块数量变化趋势图

　　由图 8-4 可知，在 1985～2015 年，建筑及住宅用地、交通道路用地面积持续大幅度增加，建筑及住宅用地斑块数量变化幅度较小，在 1995～2000 年，斑块数量增加幅度较大，但总体面积增加幅度较小。分析其原因为，在这五年间新增建筑规模小且分散，是由于在辽河口旅游业发展初期，旅游产业建筑规模小数量多，旅游业发展后期建筑规模集中成块导致斑块数量下降。交通道路用地斑块数量波动较小，但总面积变化大，其原因为政府规划铺设县道、省道、国道等各级交通道路，由短距离小斑块逐渐连成道路条带，导致斑块数量波动较小，但面积变化大。同时因道路条带斑块明显，导致道路斑块将其他景观斑块切割，致使其他景观斑块数量增加，湿地景观破碎程度加大。

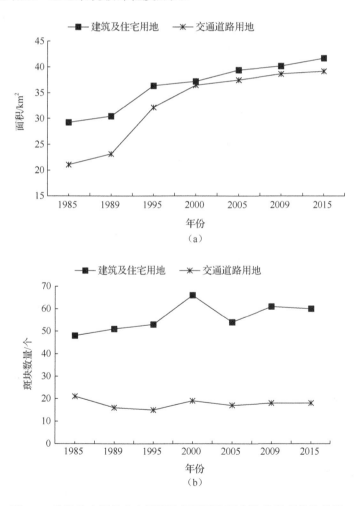

图 8-4　建筑住宅用地和交通道路用地面积及斑块数量变化趋势图

（二）植物子系统研究

植被是陆地生态系统的主体，也是连接土壤、大气和水分的自然"纽带"，具有明显的年际变化、季节变化特点，一定程度上代表土地覆被变化，是对气候变化响应最直接的生态指示器，它对地势地貌、土壤、气温、降雨等条件变化的响应尤为强烈、敏感，而湿地退化的主要原因之一就是地表植被的大面积减少。当前，在植被动态变化研究中通常采用归一化植被指数（normalized difference vegetation index, NDVI），它与植被覆盖度、叶面积指数、生理条件等性状具有很好的关系，已被广泛应用于各区域土地覆盖动态监测中，被认为是监测陆地植被变化的最佳指示因子。已有研究结果表明，植被覆盖在时空尺度上有明显空间性和动态性差异，水热条件是造成其分布差异的主要因素，而其动态变化会在植被类型、面积、数量和质量方面有所响应。因此，获取地表植被覆盖及其变化信息对揭示地表空间变化规律、探讨其变化的驱动因子和驱动力、分析评价区域生态环境具有重要的理论和现实意义，同时，在人类活动对生态环境的改善以及生物资源的利用方面也有着重要的指导意义。

对辽河口湿地 1998～2017 年的 NDVI 旬数据进行最大合成法运算，合成月最大 NDVI 数据。再利用得到的逐年每月最大 NDVI 数据合成逐年最大NDVI 数据，每 5 年进行对照，最后对 1998～2017 年 NDVI 数据进行均值法运算，用以代表 1998～2017 年辽河口湿地植被状况，得到辽河口湿地年平均NDVI 空间分布图，并应用 ArcGIS 空间分析模块中的重分类工具分类统计像元数据。

如图 8-5 所示，1998 年辽河口湿地 NDVI 分布大体呈现西低东高的格局。其中，NDVI≤0.1 的地区占湿地总面积的 0%，0.1＜NDVI≤0.3 的地区占湿地总面积的 3.42%，0.3＜NDVI≤0.5 的地区占湿地总面积的 3.57%，0.5＜NDVI≤0.7 地区占湿地总面积的 23.40%，NDVI＞0.7 的地区占湿地总面积的 69.61%。NDVI≤0.7 的地区占湿地面积的 30%以上，说明 1998 年湿地整体植被覆盖度偏高。

如图 8-6 所示，2005 年辽河口湿地 NDVI 空间分布与 1998 年整体相同，大体呈现西低东高格局。植被覆盖度较低区域依旧主要分布于湿地右岸，NDVI 相比1998 年有所提高，湿地两岸的 NDVI 均有所升高，植被覆盖度有所提升。其中，NDVI≤0.1 的地区占湿地总面积的 0%，0.1＜NDVI≤0.3 的地区占湿地总面积的

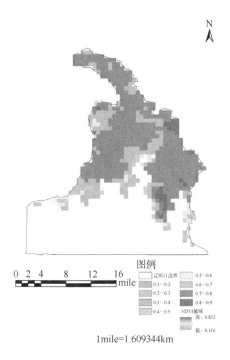

图 8-5　1998 年辽河口湿地 NDVI 空间分布图（请扫封底二维码查看彩图）

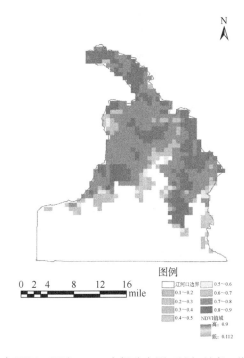

图 8-6　2005 年辽河口湿地 NDVI 空间分布图（请扫封底二维码查看彩图）

4.14%，0.3＜NDVI≤0.5 的地区占湿地总面积的 3.56%，0.5＜NDVI≤0.7 地区占湿地总面积的 11.70%，NDVI＞0.7 的地区占湿地总面积的 80.60%。NDVI＞0.7的面积大于湿地总面积的 80%，说明 2005 年流域整体植被覆盖度偏好。

　　如图 8-7 所示，2009 年与 1998 年相比，辽河口湿地 NDVI 空间分布整体呈现较高状态。湿地右岸植被覆盖度相比 1998 年大幅提高。其中，NDVI≤0.1 的地区占湿地总面积的 0%，0.1＜NDVI≤0.3 的地区占湿地总面积的 2.57%，0.3＜NDVI≤0.5 的地区占湿地总面积的 2.85%，0.5＜NDVI≤0.7 地区占湿地总面积的8.85%，NDVI＞0.7的地区占湿地总面积的 85.73%。

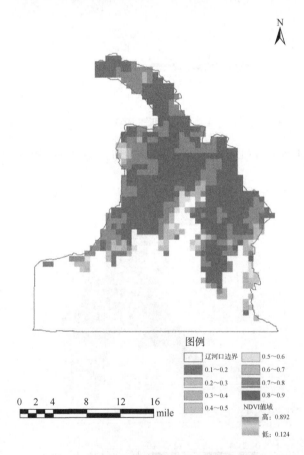

图 8-7　2009 年辽河口湿地 NDVI 空间分布图（请扫封底二维码查看彩图）

　　如图 8-8 所示，2015 年辽河口湿地 NDVI 低于 2009 年。植被覆盖度较低区域主要分布于湿地右岸。其中，NDVI≤0.1 的地区占湿地总面积的 0%，0.1＜NDVI≤0.3

的地区占湿地总面积的 2.57%，0.3＜NDVI≤0.5 的地区占湿地总面积的 5.42%，0.5＜NDVI≤0.7 的地区占湿地总面积的 11.70%，NDVI＞0.7 的地区占湿地总面积的 80.31%。

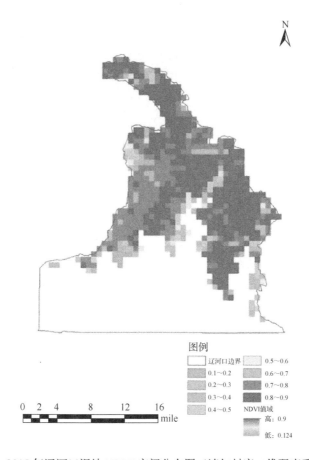

图 8-8 2015 年辽河口湿地 NDVI 空间分布图（请扫封底二维码查看彩图）

如图 8-9 所示，2017 年辽河口湿地 NDVI 分布大体呈现西低东高的格局。其中，NDVI≤0.1 的地区占湿地总面积的 0.57%，0.1＜NDVI≤0.3 的地区占湿地总面积的 2.85%，0.3＜NDVI≤0.5 的地区占湿地总面积的 5.71%，0.5＜NDVI≤0.7 地区占湿地总面积的 9.99%，NDVI＞0.7 的地区占湿地总面积的 80.88%。NDVI≤0.7 的地区占湿地总面积的 20%以下，说明 2017 年湿地整体植被覆盖度较高。

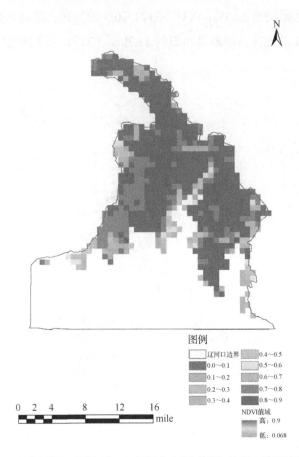

图 8-9　2017 年辽河口湿地 NDVI 空间分布图（请扫封底二维码查看彩图）

1）年际变化特征

由图 8-10 分析可知，1998～2017 年辽河口湿地植被覆盖度随年份增加而增加，NDVI 值在 0.68～0.78 波动，20 年平均增速为 0.44%，呈线性增加趋势（R^2=0.66799），总体呈现伴有小幅震荡的上升趋势：20 年 NDVI 经历了 5 次回落，分别为 2002 年（0.687）、2004 年（0.712）、2008 年（0.747）、2011 年（0.753）、2016 年（0.734），其中 2002 年为 20 年中 NDVI 最低值。NDVI 经历了 5 次峰值，分别为 1999 年（0.719）、2003 年（0.722）、2007 年（0.754）、2009 年（0.765）、2013 年（0.776）。

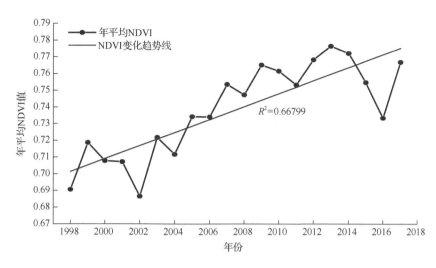

图 8-10 年均 NDVI 变化趋势

2）年内变化特征

由图 8-11 可知，辽河口湿地 1998～2017 年各月份的 NDVI 平均值表现为以下特点：月平均 NDVI 值全年呈现单峰型变化、先升高后降低的趋势，其中 5 月～10 月月平均 NDVI 值较高，月平均 NDVI 值在 0.454～0.714；其余月份月平均 NDVI 值均较低，均在 0.300 以下。全年可分为两个阶段，1 月～7 月为月平均 NDVI 值上升阶段，8 月～12 月为月平均 NDVI 值降低阶段。每年的 5 月～9 月为植被生长季，月平均 NDVI 值呈现递增趋势；而 9 月～11 月 NDVI 值下降，是因为秋季为辽河口收获季节，大量芦苇被收割，导致月平均 NDVI 值降低；从 10 月下旬开始湿地大部分地区的植被生长速度开始放缓，月平均 NDVI 值逐渐降低持续至次年 1 月份，月平均 NDVI 值达到 12 月中最低值（0.129）。

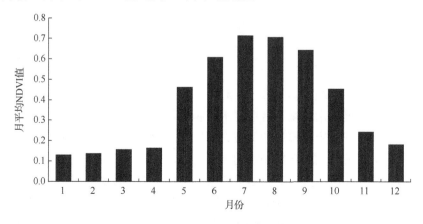

图 8-11 月均 NDVI 变化趋势

3）季节变化特征

利用 ArcGIS 软件空间分析工具中的像元统计功能，统计分析 1998～2017 年辽河口湿地月最大 NDVI 值，计算得出各季节平均 NDVI 值，得到研究区四季 NDVI 值变化曲线图。

如图 8-12 所示，对 1998～2017 年各季 NDVI 值进行平均，作为代表整个湿地的季节 NDVI 数据，用以判断四季 NDVI 增长趋势。湿地内植被覆盖度在 1998～2017 年随时间变化在夏、秋、冬三季呈不同程度的上升趋势，春季呈降低趋势。其中以夏季（6 月～8 月）上升速度最快，1998～2017 年平均增速达到 0.39%；秋季（9 月～11 月）次之，1998～2017 年平均增速为 0.11%；冬季（12 月～次年 2 月）上升速度最缓，1998～2017 年平均增速为 0.08%；春季（3 月～5 月）下降速度较快，1998～2017 年平均下降 0.24%。综合分析可知，夏、秋两季 NDVI 变化与全年 NDVI 变化具有较好的同一性，说明夏季、秋季是影响全年 NDVI 的主控季节。

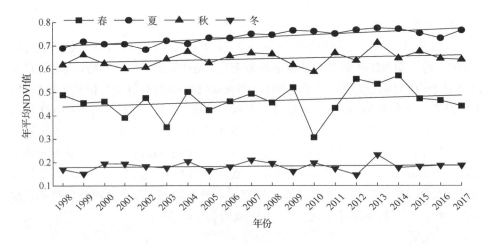

图 8-12　四季 NDVI 均值及其年际变化趋势

（三）水分子系统研究

水是湿地生态系统的基本因子，对湿地的形成、演化、保护以及服务功能具有决定性作用。湿地水环境包含湿地水质和水量状况，它是湿地生态系统的重要组成部分，其特征决定了湿地的类型、规模、功能和效益，长期稳定的水环境是维系湿地生态系统结构和功能稳定的重要保障，因此保护湿地的重要措施之一就是保护湿地的水环境。水质评价是进行水环境保护的前提和基础，传统水质评价方法（如灰色聚类法和模糊数学综合评价法），需要设计若干不同效用函数（灰色系统的白化函数、模糊数学的隶属函数等），并人为给定各评价指标的权重或权函数等，受人为影响较大，且不能解决水质的非线性问题，导致评价模式难以通用，评价结果与客观实际存在一定误差。BP（back propagation）人工神经网络是一种基于人工智能的非线性动力学系统，能够较好地拟合水质指标与水质等级之间的关系。该方法具有较强的自学习和自适应能力等优点，可通过已有数据信息自动调整网络的阈值和权值，减小人为影响，使得评价结果更加符合客观实际。模糊BP人工神经网络是模糊理论同BP人工神经网络相结合的产物，可实现样本识别、杂质过滤、特征量记忆存储、学习与联想及模糊信息处理等功能，在复杂系统进行定量化研究方面具有独特优势。因此，本书以辽河口湿地自然保护区水环境为研究对象，采集核心区、缓冲区和实验区水样进行水质指标分析，并利用模糊BP人工神经网络模型对辽河口湿地进行水质评价，以期客观、准确地了解辽河口湿地水质现状，并为湿地水环境管理提供科学依据。

1）样品采集及测定

研究选择流经辽河口自然保护区内的水体，选择主要代表性水域进行动态监测，在辽河口湿地核心区、缓冲区和实验区共设置32个监测断面。湿地核心区：小道子河入海口、大流子河与双台河交汇处各布设1个断面，并在苇田中平均每3～5km处布设1个断面；湿地缓冲区：大凌河河堤、双台河入海口处各布设1个断面，并在大凌河、大流子河和双台河河道内平均3～5km处布设1个断面；湿地实验区：生活区排污口、油田落油处各布设1个断面，并在入湿地灌渠，大凌河、双台河、饶阳河河道内平均3～5km处布设1个断面。水样采集位置及详细布点如图8-13所示。总磷（TP）采用《水质　总磷的测定　钼酸铵分光光度法》（GB 11893—89）测定，水样采集位置及详细布点如图8-13所示，测量指标包括TP、TN、COD和NH$_3$-N。

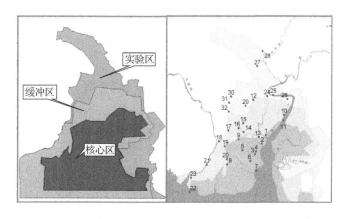

图8-13　保护区功能分区和水样采集点位置（请扫封底二维码查看彩图）

2）BP 人工神经网络评价方法

BP 人工神经网络是基于误差反向传播算法、由非线性变化单元组成的前馈网络，可以看作是一个从输入到输出的高度非线性映射。一般由输入层、输出层和若干隐含层组成，每一层包含若干神经元，层与层间的神经元通过权值及阈值互连，每层神经元的状态只影响下一层神经元，同层神经元之间没有联系。其主要思想是：输入学习样本，使用反向传播算法对网络的权值和偏差进行反复的调整训练，使输出结果与期望结果尽可能地接近，当网络输出层的误差平方和小于指定的收敛误差时训练完成，保存网络的权值和偏差。

（1）BP 人工神经网络结构设计。

本书采用典型的三层 BP 人工神经网络结构，由输入层、隐含层和输出层构成，每个数据层包括若干数据节点。输入数据层水质指标主要为 TP、TN、COD 和 NH_3-N，输出层为水质类别，隐含层的数据节点主要根据经验公式和网络训练效果进行调整，经验公式如下：

$$N = \sqrt{m+n} + a \tag{8-7}$$

式中，N 为隐含层神经元个数；m 为输入层神经元个数；n 为输出层神经元个数；a 为 1～10 的经验整数。

（2）评价指标归一化处理。

由于各监测指标具有多个量纲，难以进行直接比较，在网络训练前须对原始数据进行归一化处理，以提高 BP 人工神经网络训练速度和灵敏性，同时可有效避开 Sigmoid 函数的饱和区。本书采用的归一化公式如下，即

$$X_i' = \frac{X_i - X_{min}}{X_{max} - X_{min}} \tag{8-8}$$

式中，X_i 和 X_i' 分别代表归一化前后的数值；X_{max} 和 X_{min} 分别代表样本数据的最大值和最小值，归一化后的样本数据输出范围变为[-1,1]。

（3）网络训练。

本书在 MATLAB R2014a 环境下，利用《地表水环境质量标准》（GB 3838—2002）和水质综合指标期望值（表 8-27）为训练样本，调用人工神经网络工具箱中的函数进行网络训练。由于 S 形函数具有非线性放大系数功能，可把（-∞,+∞）变化范围的数据变换到（-1,+1）间输出，常被用作隐含层的激活函数，本书 BP 人工神经网络隐含层的激活函数选取 Sigmoid 函数，公式为

$$f(x) = \frac{e^x - e^{-x}}{e^x + e^{-x}} \tag{8-9}$$

该函数是连续可微的，便于误差反向传播过程节点权值的调节。最小训练速

率设为 0.1，最大迭代次数设为 1000，待误差<10^{-4}时，学习结束。将待测样本（不同时期核心区、缓冲区和实验区监测点水质数据）输入网络模型中，得到待测样本的输出值（水质综合指标），并对各监测点的水质进行分级。

表 8-27　水质综合指标期望值

单位：mg/L

标准值项目	水质类别				
	I	II	III	IV	V
TP	0.01	0.025	0.05	0.1	0.2
TN	0.2	0.5	1.0	1.5	2.0
COD	15	15	20	30	40
NH_3-N	0.15	0.5	1.0	1.5	2.0
水质综合指标期望值	0.1	0.3	0.5	0.7	0.9

3）模糊数学综合评价法

模糊数学综合评价法综合考虑了水环境水质变化的综合性、模糊性和渐变性，通过隶属度函数加以区分和量化，使其具有明确的界线。采用《地表水环境质量标准》（GB 3838—2002）中 I、II、III、IV 和 V 级标准对上述 4 种水质指标进行评价。从最终结果来看，采用模糊数学综合评价法进行样本水质评价，其实质是阐明样本水质更靠近何种水质标准级别问题，即转化成求该样本水质对相邻两级标准水质类别的隶属度问题。构造隶属度函数如下：

$$u(x)=\begin{cases}1, & x=a\\1-f(x), & a<x<b\\0, & x=b\end{cases} \qquad (8\text{-}10)$$

式中，a、b 分别为评价水质样本相邻的上下两级标准水质级别；$f(x)$为标准的梯形隶属度函数。

该研究中的模糊BP人工神经网络计算运行是基于上述BP人工神经网络的运行结果，结合模糊理论，运用模糊数学综合评价法计算各样本水质对各级标准水质类别的隶属度，即获得模糊BP人工神经网络计算结果。

4）结果与分析

（1）辽河口湿地水环境质量特征。

根据实测结果（表 8-28），以《地表水环境质量标准》（GB 3838—2002）中衡量标准（表 8-29），在不同时期，核心区 TN 和 NH_3-N 优于地表水环境质量III类标准，缓冲区和实验区中 TN、TP 和 COD 超IV类标准，大部分样点 TP、TN、COD 和 NH_3-N 在非汛期优于汛期和冰封期，且核心区优于缓冲区和实验区。在核心区中，Ⅱ类和Ⅲ类水质指标占75%；在实验区中，83.3%水质指标为Ⅴ类水。辽河口湿地水中各种污染物变化范围是：TP 为 0.035～0.183mg/L，处于Ⅲ类到Ⅴ类；TN 为 0.4446～0.1845mg/L，不同时期变化明显，分布于Ⅱ类到Ⅴ类；COD 为 16.705～55.644ml/L，多数时期处于Ⅲ类以上；NH_3-N 为 0.429～1.784mg/L，处于Ⅲ类和Ⅴ类之间。

表 8-28　辽河口湿地取样点水质监测数据

单位：mg/L

观测指标	汛期			非汛期			冰封期		
	核心区	缓冲区	实验区	核心区	缓冲区	实验区	核心区	缓冲区	实验区
TP	0.093	0.112	0.136	0.035	0.067	0.183	0.048	0.096	0.105
TN	0.935	1.171	1.753	0.444	1.017	1.845	0.922	1.488	1.522
COD	23.550	27.560	30.452	16.705	24.223	55.644	25.347	32.547	50.874
NH_3-N	0.442	0.752	1.101	0.429	0.958	1.784	0.887	1.445	1.498

表 8-29　地面水环境质量标准值

单位：mg/L

评价指标	Ⅰ类	Ⅱ类	Ⅲ类	Ⅳ类	Ⅴ类
TP	≤0.01	≤0.025	≤0.05	≤0.1	≤0.2
TN	≤0.2	≤0.5	≤1.0	≤1.5	≤2.0
COD	≤15	≤15	≤20	≤30	≤40
NH_3-N	≤0.15	≤0.5	≤1.0	≤1.5	≤2.0

（2）BP 人工神经网络模型构建。

本书中输入变量为 TP、TN、COD 和 NH_3-N 4 个水质指标，输出为水质类别（以 0.1、0.3、0.5、0.7 和 0.9 分别代表类Ⅰ、Ⅱ、Ⅲ、Ⅳ和Ⅴ类水质类别），即输入层和输出层的神经元个数分别为 4 和 1。隐含层节点数目取决于输入层和输出层神经元个数以及训练样本中所蕴含规律复杂程度等多种因素，式（8-7）设置隐含层神经元节点数范围为 4～12。

采用试算法来确定最佳的隐含层神经元节点数。表 8-30 列出了隐含层不同神经元节点个数下模型训练的表现，包括训练结果的均方误差 MSE 和决定系数 R^2。可以看出，R^2 变化不大，均在 0.96～0.99；而 MSE 变化较大，在隐含层神经元节点数为 5 时，MSE 最小。综合 MSE 和 R^2 随隐含层神经元节点数的变化情况，确定 BP 人工神经网络隐含层神经元节点数为 5，即拓扑结构为 4：5：1。当隐含层节点数为 5 时，对应的 MSE 为 0.0001，已经达到训练精度，说明该模型具备正确识别水质样本的能力。

表 8-30　BP 人工神经网络不同隐含层节点数下模型训练的表现

评价指标	隐含层节点数								
	4	5	6	7	8	9	10	11	12
MSE	0.0025	0.0001	0.0025	0.0026	0.0026	0.0027	0.0027	0.0027	0.0028
R^2	0.972	0.999	0.972	0.971	0.971	0.969	0.969	0.969	0.968

注：MSE 为均方误差；R^2 为决定系数

（3）模糊 BP 人工神经网络评价结果。

利用已学习训练完毕的 BP 人工神经网络模型对辽河口湿地不同时期（汛期、非汛期和冰封期）不同地点（核心区、缓冲区和实验区）进行水质模拟，其模拟结果如图 8-14 所示。由图 8-14 可知，辽河口湿地水质的 BP 人工神经网络输出值在 0.249～0.818 范围内，表明辽河口湿地水质处于Ⅱ类和Ⅴ类之间，不同时期输出结果均表现为实验区＞缓冲区＞核心区，说明湿地对水质具有一定的净化效果。

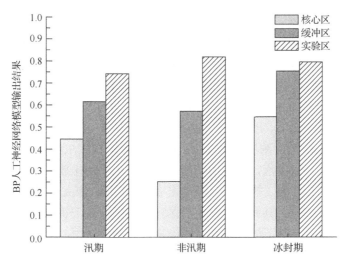

图 8-14　BP 人工神经网络模型输出结果

对上述 BP 人工神经网络模型输出结果，进行辽河口湿地不同时期（汛期、非汛期和冰封期）不同地点（核心区、缓冲区和实验区）水质隶属度计算，获得模糊 BP 人工神经网络计算结果（表 8-31）。从水质隶属度计算结果来看，非汛期核心区水质在Ⅰ～Ⅱ类，偏Ⅱ类，是所有地点中水质最好的；汛期核心区水质在Ⅱ～Ⅲ类，偏Ⅲ类；汛期和非汛期的缓冲区，以及冰封期的核心区水质在Ⅲ～Ⅳ类，其中，非汛期缓冲区和冰封期核心区偏Ⅲ类，优于非汛期实验区（Ⅳ类）；汛期和非汛期的实验区，冰封期的缓冲区和实验区，水质在Ⅳ～Ⅴ类，非汛期实验区水质最差，偏V类，其余地点水质偏Ⅳ类。整体来看，不同时期核心区水质均优于缓冲区和实验区。

表 8-31　辽河口湿地水质隶属度及水质评价结果

水质等级	汛期			非汛期			冰封期		
	核心区	缓冲区	实验区	核心区	缓冲区	实验区	核心区	缓冲区	实验区
Ⅰ	0	0	0	0.2520	0	0	0	0	0
Ⅱ	0.2735	0	0	0.7480	0	0	0	0	0
Ⅲ	0.7265	0.4325	0	0	0.6525	0	0.7745	0	0
Ⅳ	0	0.5675	0.7885	0	0.3475	0.4100	0.2255	0.7175	0.5415
Ⅴ	0	0	0.2115	0	0	0.5900	0	0.2825	0.4586
类别	Ⅲ	Ⅳ	Ⅳ	Ⅱ	Ⅲ	Ⅴ	Ⅲ	Ⅳ	Ⅳ

5）小结

为科学评价辽河口湿地水环境质量，本书以 2010 年不同时期（汛期、非汛期和冰封期）不同区域（核心区、缓冲区和实验区）的水质监测数据为基础，利用模糊 BP 人工神经网络模型对辽河口湿地水质进行综合评价，结果如下。

（1）不同样点实际监测结果显示，在不同时期，核心区 TN 和 NH_3-N 优于地表水环境质量Ⅲ类标准，缓冲区和实验区中 TN、TP 和 COD 超Ⅳ类标准，大部分样点 TP、TN、COD 和 NH_3-N 在非汛期优于汛期和冰封期，且核心区优于缓冲区和实验区。实验区水质较差，TP 最大浓度为 0.183mg/L，TN 最大浓度为 0.1845mg/L，COD 最大浓度为 55.644mg/L，NH_3-N 最大浓度为 1.784mg/L，4 个指标值中 83.3%为 Ⅴ 类水，其原因可能是，工业废水的排放、农业上施用的农药和化肥量增加，随着灌、排产流入湿地造成水体污染；核心区水质较好，Ⅱ类和Ⅲ类水质指标占 75%，其原因是在核心区内，人为因素干扰较少，且工农业污染废水排放流经核心区时，湿地植物对污染物起到净化作用，因此，辽河口湿地核心区水质优于缓冲区和实验区。

（2）建立以 4 个水质指标（TP、TN、COD 和 NH_3-N）为输入变量、包含 5 个神经元节点的隐含层和 1 个水质类别输出结果所构成的 BP 人工神经网络模型。经学习训练后，该模型具备正确识别水质样本的能力，结合模糊数学综合评价法对输出结果进行隶属度分析，评价结果表明，核心区、缓冲区和实验区在汛期和冰封期评价结果相同，分别依次为Ⅲ类、Ⅳ类和Ⅳ类，而在非汛期评价结果依次为Ⅱ类、Ⅲ类和Ⅳ类，本书评价结果与陈曦等（2011）对辽河口湿地水质评价的结果基本一致，其研究是利用模糊数学综合评价法对该区域水质进行评价。BP 人工神经网络模型是一种非线性的数据统计建模工具，近年来在水质评价中应用较为广泛，卞建民等（2014）选用 pH、溶解氧、氨氮、化学需氧量、五日生化需氧量和高锰酸盐指数参数作为基本评价因子构建 BP 人工神经网络模型，并应用训练好的模型对辽河源头区水质进行仿真运算及水质综合评价。结果表明，评价结果有 81.25%与《辽宁省环境状况公报》公布的主要断面水质结果相同，说明 BP 人工神经网络对研究区水质进行综合评价具有较强的适用性和可靠性。郭劲松（2002）利用 BP 人工神经网络、Hopfield 网络与模糊综合指数法、灰色聚类法对水质进行综合评价并比较，结果表明，BP 人工神经网络法用于水质综合评价具有评价结果客观、准确性和通用性强、计算简便等优点。本书将 BP 人工神经网络与模糊数学综合评价法结合，模糊 BP 人工神经网络法更能简单明了地表示辽河口湿地水质接近于某类标准水质的程度，从评价结果看出，从实验区、缓冲区到核心区水质逐渐转好，说明湿地对污染物具有一定的净化能力，且该评价结果与实际监测数据基本吻合，说明模糊 BP 人工神经网络综合评价具有客观性和实用性。

（四）气象子系统研究

湿地区域气候是决定生物群落分布的最主要因素，气候变化能改变一个地区不同物种的生长状况。湿地区域内的植物群落，由于气候变化而做适应性转移，并由此引起动物群落的随之改变。辽河口湿地的气候变化可能使某些物种最终从地球上消失，而一些新的物种则从气候变化中受益，进而不断繁衍生息，群落不断发展壮大，生存空间得到不断拓展，从而改变了原有湿地种群，进而改变了湿地区域生态系统稳定状况。

全球湿地退化历史表明湿地气候的变化是湿地退化的基本前提，虽然气候变化及其对湿地生态系统稳定带来的影响是多方面的，但关键气象因子变化和局部气候特征的改变是湿地退化的直接原因和驱动力。气候变化对湿地稳定的影响主要是通过降水量、蒸发量、气温、相对湿度、日照时数、风速等因子的变化引起的。

本书主要采用趋势分析法对湿地气象影响因子近年来的变化及对湿地生态系统稳定影响进行研究分析。趋势分析法又称为趋势曲线分析、曲线拟合或曲线回归，它是迄今为止研究最多，也是最为流行的定量预测方法。它是根据已知的历史资料来拟合一条曲线，使得这条曲线能反映本身的增长趋势，然后按照增长趋势曲线，对要求的未来某一点估计出该时刻的预测值。常用的趋势模型有线性趋势模型、多项式趋势模型、对数趋势模型、幂函数趋势模型、指数趋势模型等。

趋势分析法本身是一种确定的外推，在处理历史资料、拟合曲线，得到模拟曲线的过程，这种方法的主要缺点是把所有的数据都看作是等精度的有效值，无法考虑随机误差。采用趋势分析拟合的曲线，其精度原则上对拟合的全区间都是一致的。但不同类型的预测模型给出的结果相差会很大，为了取得最佳的预测结果，选择合适的趋势曲线是最关键的，相反，趋势曲线选择不当得到的预测结果往往是不准确的。

1. 湿地降水量近年来的变化及其影响分析

降水是地表水和河流径流的直接来源，构成了湿地水资源的主体。同时降水量也直接决定了蒸发量的大小，进而影响了湿地环境的湿度，而环境湿度对湿地植物群落的生长和发育起到至关重要的作用。植物生长过程中不同阶段对水分的需求有所不同，春季植物开始生长发育，很多植物在这个阶段对水分的需求都比较大。夏季植物进行光合作用，根系需要吸收大量水分，以满足体内水分循环和叶片蒸腾需要，因而对水分的需求量更大，这个时期湿地植物的生长过程也正是对水体净化的主要过程。秋季植物果实成熟过程对水量的需求降低，随着果实进一步的成熟，对水分的吸收逐渐减少。进入冬季阶段，除了植物根系对水分有微量需求外，降水主要用来维持蒸发的需求，也为下一季节水分的保持奠定基础。

为了分析近年来湿地区域降水量的变化对湿地生态系统稳定的影响，现分别统计辽河口湿地近年来每个季节每个月份降水量的变化情况。由此分析每个月降水量分布情况及变化趋势对湿地植被生长的影响。

根据观测的湿地气象资料统计，盘锦地区自 1985 年开始到 2015 年，每年春季的降水量有较大的变化，分别对每年 3 月、4 月和 5 月的月降水量进行分析，可以得到春季降水量的具体变化情况，如图 8-15 所示。

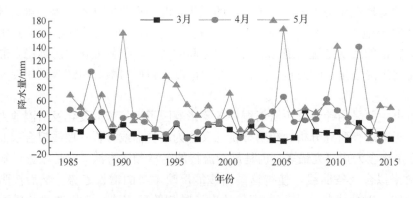

图 8-15　湿地春季各月降水量

从图 8-15 和统计数据可以看出：1985～2015 年每年降水量基本趋势是 3 月、4 月、5 月依次增加。每年 4 月的雨量比较均衡，5 月的降水量不同，且年份差别较大，如 2005 年和 2013 年 5 月降水量分别为 167.9mm 和 3.4mm。这个时期对湿地水量的补给非常必要，只要在月内降雨分散些，没形成暴雨和洪流，对水生植物和沼泽生物的生长都非常有利。

对 1985～2015 年 6 月、7 月和 8 月的月降水量进行统计分析，得到湿地夏季降水量的分布情况，如图 8-16 所示。

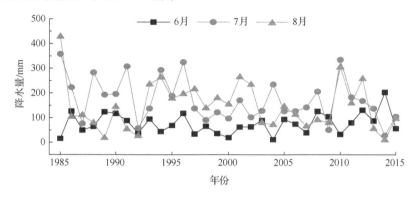

图 8-16　湿地夏季各月降水量

从降水量数值可以看出：每年降水量主要集中在夏季的 6 月、7 月、8 月，据 1985～2015 年降水各月分布情况的统计可知，夏季的降水量平均占每年降水量的 61%，1992 年 6 月、7 月、8 月三个月的降水量为当年度降水总量的 35%。在夏季，湿地内植物群落吸收大量的水分，一是植物进行光合作用需要分解大量水分，二是植物通过叶片蒸腾大量水分，高温天气更是需要大量降水维持比较恒定的温度。这个时期的降水充足对湿地植物健康生长起到至关重要的作用，如果该时期降水量不足，湿地水生态系统会受到直接威胁。几年来我国局部地区干旱，造成河流断流，地下水位降低，致使植被生态系统受到威胁，严重干旱地区会出现土壤沙化。但也正是由于这个时期降水集中，而一些地方的降水量过于集中，大量雨水汇集到河流中，水位暴涨，大型河流可能形成洪峰，如不能及时排掉，可能造成洪涝灾害，对湿地生态系统影响很大。如果水位提升过大，植物在水中浸泡时间过长，有些植物根茎会腐烂致死，长期下去，物种多样性会受到严重影响。如 1985 年 8 月，月内降水量达 428mm，严重威胁湿地内很多植被的健康生长。

再对 1985～2015 年 9 月、10 月和 11 月降水量进行统计分析，可以看出其降水量一般分布在 10～50mm，而 11 月的降水量明显减少，平均仅为 20mm。秋季植物进入成熟季节，对水分的需求大大降低，这个时期的降水除了维持植物需求外，主要供给植物蒸发。秋季各月份降水量的具体分布情况如图 8-17 所示。

秋季的降水量占一年中降水量的比例很小，根据 1985～2015 年的统计，秋季降水量平均只占 18.9%，而 2005 年和 1992 年出现的波动比较大，2005 年秋季降水量仅占全年降水量的 7.8%，而 1992 年秋季降水量居然占全年降水量的 41.2%，这一较大的波动幅值对湿地植物的生长是不利的，秋涝现象不利于湿地生态系统的健康保持。

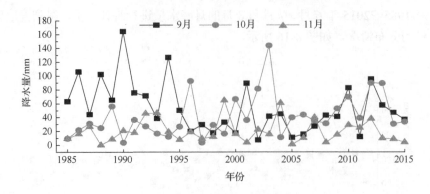

图 8-17　湿地秋季各月降水量

如图 8-18 所示，对冬季 1 月、2 月和 12 月的降水量进行统计分析可以看出：冬季的降水量分布在 0～34mm。统计 1985～2015 年来冬季平均降水量仅占全年降水量的 3.3%。这个时期的降水主要是降雪，主要是维持地表的蒸发。如果降雪过大，出现雪灾，不利于冬季湿地内越冬鸟类的觅食，会影响物种的生存及湿地的多样性。

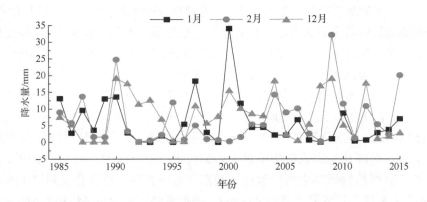

图 8-18　湿地冬季各月降水量

统计辽河口湿地 1985～2015 年区域内降水量情况可知：湿地区域平均年降水量为 635.2mm；年降水量最低值为 349.4mm，出现在 1992 年；年降水量最大值为 1081.7mm，出现在 2010 年，湿地降水量年度变化情况如图 8-19 所示。

为了了解今后湿地区域降水量的变化趋势，分析该气象因子对湿地生态系统健康的影响，对 1985 年以来降水量的状况进行趋势分析研究，以获得未来该区域的降水量。分别对 1985～2015 年降水量进行线性趋势线、对数趋势线、乘幂趋势线、指数趋势线分析，预测 2025 年降水量，趋势线公式及预测数值情况见表 8-32。采用以上 4 种趋势线对 2025 年降水量进行预测，预测值分别为 520.4mm、

522.0mm、407.5mm、184.3mm，其中指数趋势线预测值明显偏小，去除该值取其他 3 项的平均值，为 483.3mm。

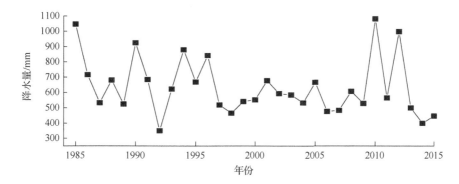

图 8-19　湿地降水量年度变化

数据来源于中国气象数据网

表 8-32　湿地降水量趋势线及 2025 年预测值

趋势线类型	趋势线公式	R^2 值	2025 年预测值/mm	均值/mm
线性趋势线	$y = -4.5959x + 9827.1$	$R^2 = 0.0497$	520.4	
对数趋势线	$y = -9204\ln(x) + 70595$	$R^2 = 0.0498$	522.0	483.3
乘幂趋势线	$y = 1 \times 10^{53} x^{-15.24}$	$R^2 = 0.0624$	407.5	
指数趋势线	$y = 2 \times 10^9 e^{-0.008x}$	$R^2 = 0.0623$	184.3	

　　降水量是湿地水分的主要来源，保持水量充足是湿地区域内植物群落结构稳定的前提。在人类活动影响较小的天然湿地区域，湿地降水量直接决定了洪涝和干旱灾害的发生情况及其影响程度，这对湿地内生态系统稳定的影响最为直接。辽河口湿地近年来降水量呈现逐年减少的总体变化趋势，这对天然湿地保持水量平衡和湿地内水生植物未来的健康生长是不利的。

　　另一种情况，即使地区降水总量不变，但如果降水中小尺度时空分配状况发生变化，可能会打破地区湿地内水量平衡，从而也对湿地生态系统产生重要影响。

　　2. 湿地蒸发量近年来的变化及其影响分析

　　蒸发量是湿地地表水量丧失的重要方式，它与降水量类似也是一个地区水量循环的关键环节。蒸发量直接影响当地区域的相对湿度，同时与该地区的日照、气温和降水量相互影响，进而对湿地区域生物的生长和发育产生影响，因而湿地蒸发量同样是影响湿地生态系统健康的一个重要气象因子。

　　为了研究辽河口湿地近年来蒸发量的变化及发展趋势对湿地生态系统稳定的影响，分析两者之间的关联性，对盘锦地区 1985～2015 年各个季节的蒸发量年际变化情况进行统计分析，如图 8-20～图 8-23 所示。

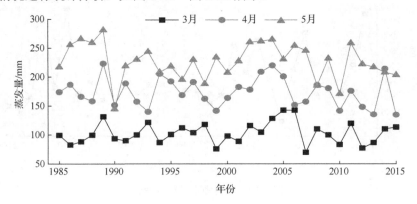

图 8-20　湿地春季月蒸发量

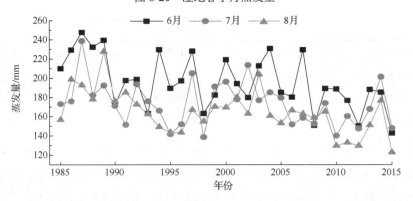

图 8-21　湿地夏季月蒸发量

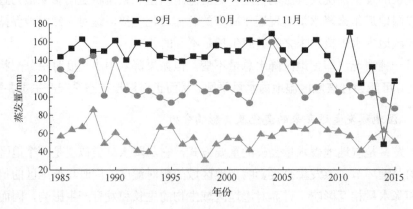

图 8-22　湿地秋季月蒸发量

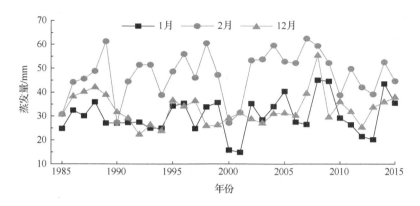

图 8-23　湿地冬季月蒸发量

从图 8-20～图 8-23 可以看出：1985～2015 年辽河口湿地区域年际各月份的蒸发量均有一定的波动，其中 2 月和 6 月波动较大。这种蒸发量年际的波动会影响湿地植物生长对环境的常态需求，进而影响湿地植被的生长发育。

统计湿地各月份蒸发量发现，全年蒸发量主要集中在每年的 5～10 月，其蒸发量占年总蒸发量的比例平均为 69.3%。每年 5～10 月，特别是夏季，植物吸收水分最多，叶片蒸发最旺盛，湿地植被生长最快，年际湿地蒸发量的相对稳定有利于维持湿地生态系统健康。

统计分析湿地区域年总蒸发量年际变化情况，如图 8-24 所示，可以看出：湿地总蒸发量总体有下降的趋势，2012 年总蒸发量最低。

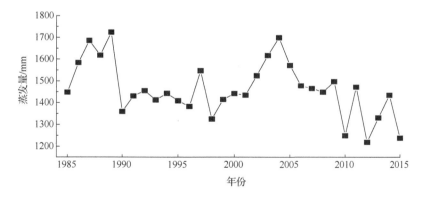

图 8-24　年总蒸发量变化

分别采用线性趋势线、乘幂趋势线、指数趋势线和对数趋势线预测 2025 年总蒸发量，预测公式及 R^2 值见表 8-33。其中采用线性趋势线预测值为 1315.5mm，采用乘幂趋势线预测值为 1265.8mm，采用对数趋势线预测值为 15149.2mm，采用指数趋势线预测值为 1517.7mm，其中采用对数趋势线预测值明显偏大，去除该值取其他 3 项的平均值，三者预测平均值为 1366.3mm。

表 8-33　蒸发量趋势曲线及 2025 年预测值

趋势线类型	趋势线公式	R^2 值	2025 年预测值/mm	均值/mm
线性趋势线	$y = -59.117x + 132867$	$R^2 = 0.1801$	1315.5	
乘幂趋势线	$y = 2 \times 10^{31} x^{-8.226}$	$R^2 = 0.1862$	1265.8	1366.3
对数趋势线	$y = -1 \times 10^5 \ln(x) + 912824$	$R^2 = 0.1799$	15149.2	
指数趋势线	$y = 5 \times 10^7 e^{-0.004x}$	$R^2 = 0.1864$	1517.7	

保持湿地水量循环的平衡和水量充足是保证湿地生态系统健康的前提，蒸发是湿地水分流失的主要方式，在日照充足和降水量没有明显增加的情况下，蒸发量的增加会导致湿地存水量的减少，从而影响湿地植物的生长。本书研究显示，辽河口湿地蒸发量有总体减少的趋势，这在近年来湿地降水量减少、温度升高的情况下将有利于保持湿地水量充足，从而有利于保持湿地生态系统的稳定。

3. 湿地环境温度近年来的变化及其影响分析

湿地环境气温是影响湿地生态系统稳定的重要气象因子，其对湿地生态系统稳定的影响表现在两个方面：一方面，环境气温适宜促进湿地区域内植物群落的生长发育，环境温度过高或过低，都会抑制植物群落的生长发育；另一方面，环境温度发生变化会直接导致湿地生态系统的相应变化，甚至会出现一些原有物种消亡，取而代之的是一些新生物种，由此导致湿地生态系统稳定性的变化。

研究统计了辽河口湿地区域内 1985～2015 年每年各月份气温的月平均值。春季 3 月平均温度为 2.39℃，4 月平均温度为 10.7℃，5 月平均温度为 17.4℃，3 个月份的湿地气温稳步上升，这对湿地生态系统稳定至关重要。图 8-25 为春季 3 月、4 月、5 月的气温和春季整个季节平均温度变化情况。

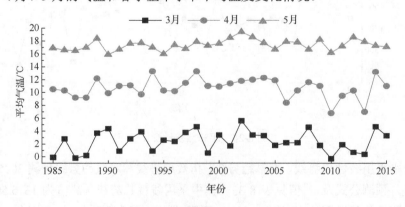

图 8-25　湿地春季气温变化趋势

图 8-26 反映了湿地内夏季 6 月、7 月、8 月的气温和夏季整个季节平均温度变化情况。夏季 6 月平均温度为 22.1℃，7 月平均温度为 25.1℃，8 月平均温度为 24.5℃。3 个月份的温度非常适合湿地内优势植物芦苇、碱蓬以及湿地内 70 科242 种野生植物群落的生长，这对湿地生态系统物质生产功能的发挥起到至关重要的作用。

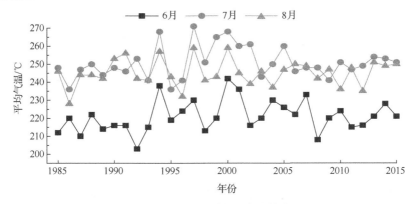

图 8-26 湿地夏季气温变化趋势

图 8-27 反映了湿地秋季 9 月、10 月、11 月的温度和整个秋季平均温度变化情况。经统计，9 月平均温度为 19.3℃，10 月平均温度为 11.8℃，11 月平均温度为 2.2℃。秋季 3 个月的温度在规律性递减，平均气温为 11.1℃，这为湿地内各种植物的成熟做好了准备，迎来了湿地内芦苇的大面积收割，湿地内翅碱蓬变成香艳欲滴的红色，是湿地内特有的景观，吸引国内外大量游客，令人叹为观止。同时由于季节温度变化，也引来了《中日候鸟保护协定》和《中澳候鸟保护协定》中的各种候鸟，也成为丹顶鹤及其他候鸟迁徙途中重要的落脚点、取食地和栖息繁殖地。迁徙于西伯利亚和东南亚之间的涉禽也选择该滨海滩涂作为停歇和取食的场所。所有这些都为湿地科学研究、文化教育和旅游功能的充分发挥奠定良好的基础。

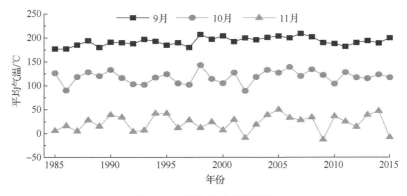

图 8-27 湿地秋季气温变化

湿地冬季 1 月、2 月、12 月的温度和整个冬季平均温度变化情况如图 8-28 所示。统计结果表明：冬季 1 月平均温度为-8.2℃，2 月平均温度为-4.2℃，12 月平均温度为-5.3℃，整个冬季的平均气温为-5.9℃。

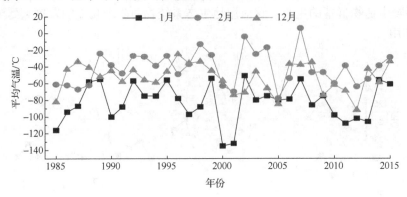

图 8-28　湿地冬季气温变化

对比图 8-25～图 8-28 的季节温度变化，可以看出：1985～2015 年，湿地区域 4 个季节气温在年际波动较大的是 1 月、3 月、6 月、11 月，1 月为每年中平均气温最低的月份，对当地湿地动植物来说都是最严酷的生存考验。3 月是春季里环境温度回升幅度最大的月份，动植物生命活动由此进入一年中最活跃的阶段。6 月是夏季的开始，这个时期的降水量、蒸发量都大幅度增加为植物的生长和能量积累创造条件。11 月温度和湿度都明显下降，动植物的生长和活动也是在这个季节开始减弱。1 月、3 月、6 月、11 月温度的年际波动会改变湿地植物群落中对温度敏感的种类，改变其生长发育的过程，因此温度的年际波动对湿地动植物的健康发展都有一定程度的影响。

统计辽河口湿地自 1985～2015 年的年平均温度变化情况，如图 8-29 所示。从图中可以看出：尽管 2010 年、2012 年平均温度较 2008 年、2014 年有所偏低，但分析年平均气温的变化趋势可以看出，研究时段内年平均气温有升高的趋势。

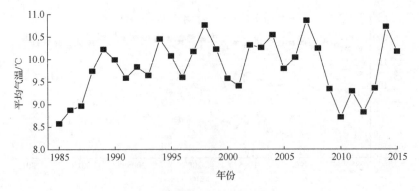

图 8-29　湿地年平均气温变化

由图 8-29 可以看出：湿地年平均温度以每年 0.0533℃ 的速度在升高。河口滨海湿地气温升高，海平面随之升高，直接受影响的是靠近海域的滩涂湿地，因海水的顶托，淡水生动植物将向陆地内迁移或退缩。分别采用线性趋势线、对数趋势线和指数趋势线对 1985~2015 年的年平均气温变化值进行曲线拟合，拟合的趋势曲线公式见表 8-34，2025 年预测平均值为 10.18℃。

表 8-34　湿地温度趋势线曲线及 2025 年预测值

趋势线类型	趋势线公式	R^2 值	2025 年预测值/℃	均值/℃
线性趋势线	$y = 0.0117x - 13.602$	$R^2 = 0.0295$	10.09	
对数趋势线	$y = 23.536\ln(x) - 169.08$	$R^2 = 0.0298$	10.11	10.18
指数趋势线	$y = 0.91e^{0.0012x}$	$R^2 = 0.0286$	10.34	

全球气温升高后，湿地状况将会有很大变化。首先是海岸湿地必将受到海平面上升、海洋表面温度升高和更加频繁和强烈的风暴活动的影响。辽河口湿地受海平面上升的威胁，可能会发生水体变化，海水顶托，咸水侵入淡水和地下水，同时也使浅海区域湿地向内陆偏移。预计地表径流增加和淤积物的减少将改变三角洲的形成模式，而海平面的上升和强烈的风暴活动能进一步侵蚀低洼的海岸线，使原有海岸受到冲蚀。另外，地表径流的增加，海平面的升高和风暴活动引发洪水淹没低洼的湿地。滨海河口湿地气温上升，海水涨潮时冲击海岸带湿地，使地表水和地下水盐分增加，从而改变原有植物群落的分布。

辽河口湿地地处辽东湾北端，辽宁省中部渤海北岸，属暖温带，湿地复杂多样的植物群落，为野生动物尤其是一些珍稀或濒危野生动物提供了良好的栖息地，是鸟类、两栖类动物的繁殖、栖息、迁徙、越冬的场所。海平面上升及其他与气候相关因素引起湿地的变化会威胁水鸟和其他野生动物的存在。

4. 湿地环境相对湿度近年来的变化及其影响分析

类似降水量，相对湿度同样是一个地区水量循环的关键环节。相对湿度直接影响当地区域的蒸发量，同时与该地区的日照、气温和降水量相互影响，进而对湿地区域生物的生长和发育产生影响，因而湿地相对湿度同样是影响湿地生态系统健康的一个重要气象因子。

为了研究辽河口湿地蒸发量的变化及发展趋势对湿地生态系统稳定的影响，分析两者之间的关联性，对盘锦地区 1985~2015 年各个季节的相对湿度年际变化情况进行统计分析，如图 8-30~图 8-33 所示。

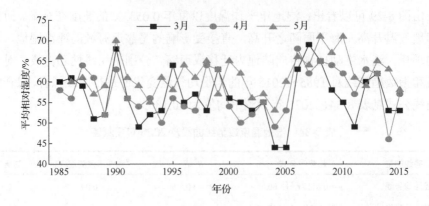

图 8-30　湿地春季平均相对湿度变化

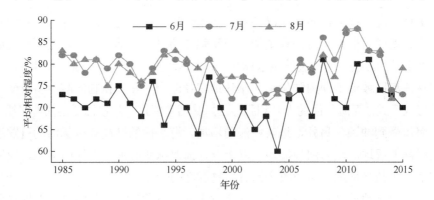

图 8-31　湿地夏季平均相对湿度变化

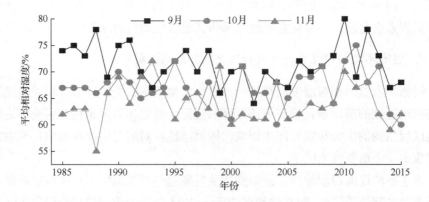

图 8-32　湿地秋季平均相对湿度变化

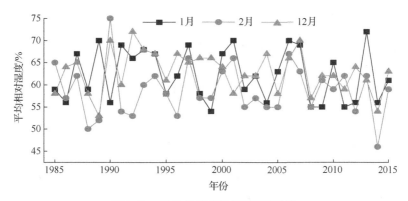

图 8-33　湿地冬季平均相对湿度变化

从图 8-30～图 8-33 可以看出：1985～2015 年辽河口湿地区域年际各月份的相对湿度均有一定的波动，其中 3 月、8 月波动较大。这种相对湿度年际的波动会影响湿地植物生长对环境的常态需求，进而影响湿地植被的生长发育。

统计分析湿地区域年平均相对湿度年际变化情况，如图 8-34 所示，可以看出：湿地总蒸发量总体有下降的趋势，2014 年平均相对湿度最低。

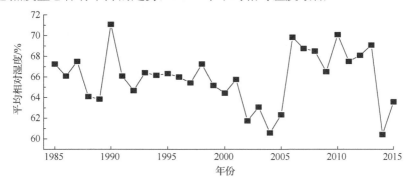

图 8-34　湿地年平均相对湿度变化

分别采用线性趋势线、乘幂趋势线、指数趋势线和对数趋势线预测 2025 年相对湿度，预测公式及 R^2 值见表 8-35。其中，线性趋势线预测值为 65.6%，乘幂趋势线预测值为 65.4%，对数趋势线预测值为 65.7%，指数趋势线预测值为 62.5%，四者预测平均值为 64.8%。

表 8-35　日照时间趋势线及 2025 年预测值

趋势线类型	趋势线公式	R^2 值	2025 年预测值/%	预测均值/%
线性趋势线	$y = -0.0088x + 83.462$	$R^2 = 0.0009$	65.6	
对数趋势线	$y = -17.68\ln(x) + 200.31$	$R^2 = 0.0009$	65.7	
乘幂趋势线	$y = 975.17x^{-0.355}$	$R^2 = 0.0016$	65.4	64.8
指数趋势线	$y = 93.704e^{-0.0002x}$	$R^2 = 0.0016$	62.5	

　　保持湿地水量循环的平衡和水量充足是保证湿地生态系统健康的前提，在日照充足和降水量没有明显增加的情况下，相对湿度的降低会影响湿地植物的生长。本书研究显示，辽河口湿地相对湿度有总体减少趋势，这在近年来湿地降水量减少、温度升高的情况下将不利于保持湿地水量充足，从而对保持湿地生态系统的稳定造成一定的影响。

　　5. 湿地日照近年来的变化及其影响分析

　　植物通过光合作用吸收 CO_2 释放 O_2 合成有机物，因此日照时数对植物的生长至关重要，对湿地生态系统的稳定性发展也起到决定性的作用。盘锦地区多年日照总时数变化情况如图 8-35～图 8-39 所示。

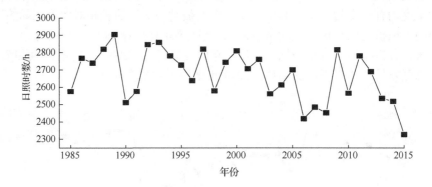

图 8-35　年日照时数变化情况

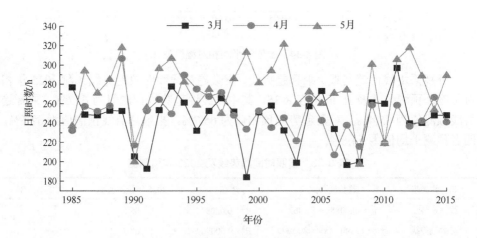

图 8-36　春季日照时数变化情况

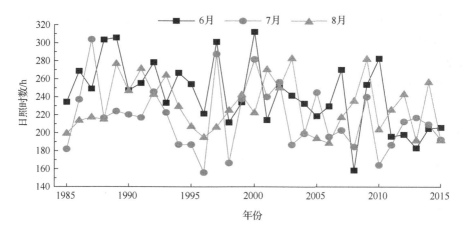

图 8-37　夏季日照时数变化情况

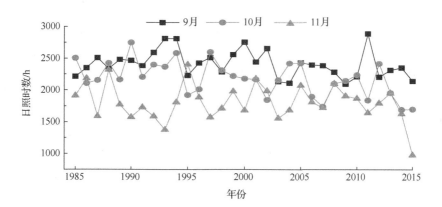

图 8-38　秋季日照时数变化情况

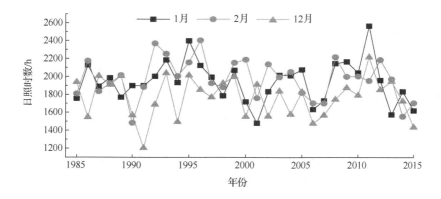

图 8-39　冬季日照时数变化情况

　　分别采用线性趋势线、对数趋势线、乘幂趋势线、指数趋势线对 2025 年的日照时数进行预测，趋势线公式及预测结果见表 8-36，预测均值为 2389.0h。其中采用线性趋势线和对数趋势线进行拟合时，其预测值分别为 2476.5h 和 2477.9h，两者趋势曲线几乎完全重合。

表 8-36　　日照时间趋势线及 2025 年预测值

趋势线类型	趋势线公式	R^2 值	2025 年预测值/h	预测均值/h
线性趋势线	$y = -7.5548x + 17775$	$R^2 = 0.2183$	2476.5	
对数趋势线	$y = -15095\ln(x) + 117401$	$R^2 = 0.2179$	2477.9	
乘幂趋势线	$y = 3 \times 10^{22} x^{-5.763}$	$R^2 = 0.2197$	2643.6	2389.0
指数趋势线	$y = 851478 e^{-0.003x}$	$R^2 = 0.2202$	1958.1	

　　植物的生长离不开光合作用，在植物生长季节里，日照时数对植物的生长有直接的影响。太阳辐射是发生各种天气状况的源泉和动力，也是湿地生态环境演变的主要内驱力。日照直接作用于湿地表面，促进湿地水量循环和生物的生长，在湿地降水量和地表径流量不变或下降的情况下，日照时数增加有利于湿地植物的光合作用，最终促使湿地生态系统的健康。本书研究显示，盘锦地区年日照时数略呈下降趋势，其线性变化趋势为每年以 8.27h 的速度在降低，对辽河口湿地而言，日照时数的这种变化可能影响植物生长，特别是对日照时间比较敏感的植物的生长发育影响较大，日照时间缩短可能使长日照植物延迟成熟或使短日照植物提早成熟，进而影响区域的植被结构组成，这将对湿地整体生态系统稳定与健康产生不利的影响。

6. 湿地风速近年来的变化及其影响分析

　　风是影响植物生长的一个重要环境因子，而且对植物生长的影响较其他因子复杂。风对植物生长有直接和间接作用，直接作用是指风对植物的机械刺激影响植物的生理活动，间接作用则是指风引起叶环境（湿度、温度、气体浓度等）发生变化而产生的作用。风对植物生长、发育和繁衍的整个过程都有重要影响。随着全球及区域气候变化的日益加剧，气候暖干化趋势明显，而且全球范围内平均风速有下降趋势。

　　为了研究辽河口湿地近年来平均风速的变化及发展趋势对湿地生态系统稳定的影响，分析两者之间的关联性，对盘锦地区 1985～2015 年各个季节的平均风速年际变化情况进行统计分析，如图 8-40～图 8-43 所示。

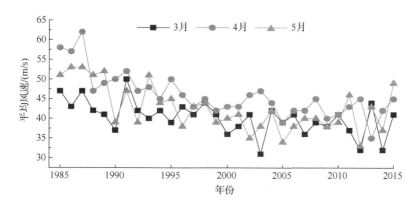

图 8-40　春季平均风速变化情况

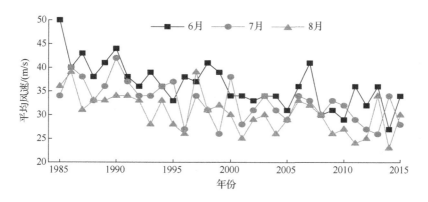

图 8-41　夏季平均风速变化情况

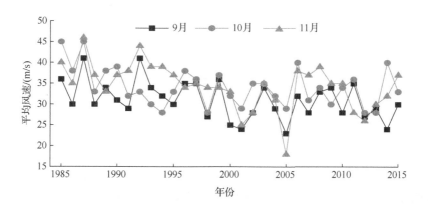

图 8-42　秋季平均风速变化情况

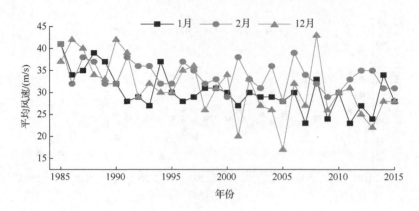

图 8-43　冬季平均风速变化情况

对比图 8-40～图 8-43 的季节温度变化，可以看出：1985～2015 年，湿地区域 4 个季节气温在年际波动最大的是 4 月、6 月、11 月、12 月，这种平均风速年际的波动会引起叶环境（湿度、温度、气体浓度等）发生变化而产生的作用，进而影响植物生长、发育和繁衍。

统计辽河口湿地自 1985～2015 年的年平均风速变化情况，如图 8-44 所示。从图上可以看出：湿地平均风速总体有下降的趋势，其中 2005 年的平均风速最低，为 2.87m/s。

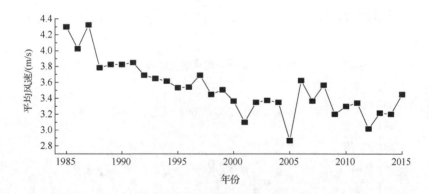

图 8-44　年平均风速变化情况

分别对 1985～2015 年风速进行线性趋势线、对数趋势线、乘幂趋势线、指数趋势线分析，预测 2025 年风速，趋势线公式及预测数值情况见表 8-37。以上 4 种趋势线对 2025 年降水量的预测值分别为 2.79m/s、2.82m/s、2.61m/s、3.69m/s，四者预测平均值为 2.98m/s。

表 8-37　平均风速趋势线及 2025 年预测值

趋势线类型	趋势线公式	R^2 值	2025 年预测值/(m/s)	预测均值/(m/s)
线性趋势线	$y = -0.0294x + 62.33$	$R^2 = 0.6413$	2.79	
对数趋势线	$y = -58.85\ln(x) + 450.87$	$R^2 = 0.6424$	2.82	2.98
乘幂趋势线	$y = 3 \times 10^{54} x^{-16.35}$	$R^2 = 0.6332$	2.61	
指数趋势线	$y = 4 \times 10^7 e^{-0.008x}$	$R^2 = 0.6321$	3.69	

三、辽河口湿地生态系统稳定性驱动主导因子分析

湿地作为水陆相互作用形成的独特生态系统，其生态系统稳定性状况极易受到气候变化和人类活动的影响。湿地自身生态系统复杂多样，始终处于不断演变过程中，这种演化在长时间序列上由自然因素控制，而人类活动则是在较短时间内影响湿地重大动态变化最主要最直接的驱动因素。随着社会经济的飞速发展和人类文明的不断进步，人类对资源的需求持续增加，对滨海湿地的影响持续加大，这些人类活动对滨海湿地的影响有正、负效应之分，但从总体上看，则是以其负效应为主导，以致长期以来，我国湿地大面积退化。气候变化是导致湿地生态系统退化的主要原因之一，也是引起湿地环境日趋恶化、生物多样性降低的重要因素。因此本书将从自然因素和人为因素两方面探讨引起辽河口湿地生态系统稳定性变化的原因。

（一）辽河口湿地驱动因素分析

本书运用相关性分析及冗余分析（redundancy analysis，RDA）的方法对影响辽河口湿地生态系统稳定性的自然因素和人为因素分别进行了筛选，选出影响辽河口湿地生态系统稳定性的主要驱动力。自然因素选取年均气温、年降水量、年蒸发量、年径流量、年均含沙量、平均潮水位等影响因子；人为因素选取石油开采量、水产品产量、土地利用率、化肥施用量等影响因子。

1. 相关分析

辽河口湿地生态系统稳定性发生变化是自然因素和人为因素共同作用的结果。对年均气温、年降水量、年径流量、年均含沙量、平均潮水位、石油开采量、水产品产量、土地利用率、化肥施用量与辽河口湿地面积、景观格局指数、植物生物量、植物冠层内温度进行相关性分析，结果见表 8-38。

表 8-38　各影响因子与辽河口湿地的相关性分析

	景观破碎度	香农多样性指数	优势度	天然湿地面积	人工湿地面积	芦苇产量	植物冠层内温度
年均气温	0.415	0.561	-0.563	-0.417	0.412	0.530	0.989**
年降水量	-0.933**	-0.982**	0.982**	0.954**	-0.951**	-0.887**	-0.426
年蒸发量	-0.012	-0.073	0.075	0.014	0.075	-0.055	0.459
年径流量	-0.644	-0.554	0.553	0.483	-0.435	-0.716	-0.165
年均含沙量	-0.938**	-0.937**	0.937**	0.881**	-0.858*	-0.938**	-0.424
平均潮水位	-0.055	-0.143	0.142	-0.067	0.037	-0.472	-0.232
石油开采量	-0.104	0.162	-0.163	0.057	0.002	0.229	0.626
水产品产量	0.958**	0.853*	-0.852*	-0.935**	0.904**	0.772*	0.201
土地利用率	0.973**	0.966**	-0.966**	-0.999**	0.996**	0.846*	0.335
化肥施用量	0.964**	0.901**	-0.901**	-0.922**	0.885**	0.830*	0.350

**在 0.01 水平上显著相关，*在 0.05 水平上显著相关

在辽河口湿地面积变化方面，年降水量、年均含沙量、水产品产量、土地利用率、化肥施用量与天然湿地面积在 0.01 水平上呈极显著相关，相关系数分别为0.954、0.881、-0.935、-0.999、-0.922；年降水量、水产品产量、土地利用率、化肥施用量与人工湿地面积在 0.01 水平上呈极显著相关，相关系数分别为-0.951、0.904、0.996、0.885，年均含沙量与人工湿地面积在 0.05 水平上呈显著正相关，相关系数为-0.858。说明年降水量、年均含沙量、水产品产量、土地利用率、化肥施用量是影响湿地变化的主要因素。

在辽河口湿地景观格局指数方面，年降水量、年均含沙量、水产品产量、土地利用率、化肥施用量与景观破碎度在 0.01 水平上呈极显著相关，相关系数分别为-0.933、-0.938、0.958、0.973、0.964；年降水量、年均含沙量、土地利用率、化肥施用量与香农多样性指数在 0.01 水平上呈极显著相关，相关系数分别为-0.982、-0.937、0.966、0.901，水产品产量与香农多样性指数在 0.05 水平上呈显著正相关，相关系数为0.853；年降水量、年均含沙量、土地利用率、化肥施用量与优势度在 0.01 水平上呈极显著相关，相关系数分别为 0.982、0.937、-0.966、-0.901，水产品产量与优势度在 0.05 水平上呈显著相关，相关系数为-0.852。说明人口因素是导致辽河口湿地景观破碎化的主要因素。

在辽河口湿地植物生物量变化方面，年降水量、年均含沙量与芦苇产量在 0.01 水平上呈极显著相关，相关系数分别为-0.887、-0.938，水产品产量、土地利用率、化肥施用量与芦苇产量在 0.05 水平上呈显著正相关，相关系数分别为 0.772、

0.846、0.830。说明年降水量、年均含沙量、水产品产量、土地利用率、化肥施用量是影响湿地植物生物量变化的主要因素。

在辽河口湿地植物冠层内温度变化方面，年均气温与植物冠层内温度在 0.01 水平上呈极显著正相关，相关系数为 0.989。说明年均气温是影响湿地植物冠层内温度变化的主要因素。

2. 冗余分析

1）辽河口湿地斑块数的驱动力分析

冗余分析结果表明（图 8-45），斑块数与年均气温、水产品产量、土地利用率、化肥施用量均呈正相关，与年降水量、年蒸发量、年径流量、年均含沙量、年均潮水位、石油开采量呈负相关。

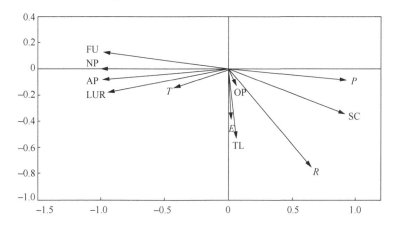

图 8-45　冗余分析下湿地斑块数与研究区域人为、自然关键因素的相关关系

NP-斑块数，number of patches；SHDI-香农多样性指数，Shannon's diversity index；D-优势度，dominance index；F-景观破碎度，degree of fragmentation；NWA-天然湿地面积，natural wetland area；CWA-人工湿地面积，constructed wetland area；RP-芦苇产量，reed production；PCT-植物冠层内温度，plant canopy temperature；T-年均气温，the annual average temperature；P-年降水量，the annual precipitation；E-年蒸发量，the annual evaporation；R-年径流量，the annual runoff；SC-年均含沙量，the annual average sediment concentration；TL-年均潮水位，the annual average tide level；OP-石油开采量，oil production；AP-水产品产量，aquatic production；LUR-土地利用率，land utilization rate；FU-化肥施用量，fertilizer usage

总体上，人为因素对辽河口湿地斑块数的影响程度大于自然因素。其中，斑块数与人为因素相关性的大小表现为水产品产量＞化肥施用量＞土地利用率＞石油开采量；斑块数与自然因素相关性的大小表现为年降水量＞年均含沙量＞年径流量＞年均气温＞年均潮水位＞年蒸发量。冗余分析表明，人为因素对斑块数的解释度为 71.79%，气候因素对其的解释度为 28.21%。

2）辽河口湿地香农多样性指数的驱动力分析

冗余分析结果表明（图 8-46），香农多样性指数 SHDI 与年均气温、石油开采量、水产品产量、土地利用率、化肥施用量均呈正相关，与年降水量、年蒸发量、年径流量、年均含沙量、年均潮水位呈负相关。

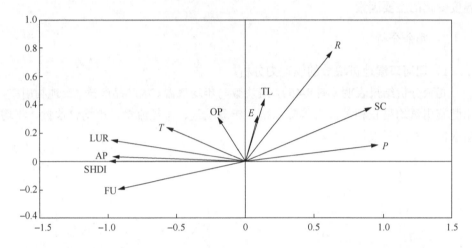

图 8-46　冗余分析下湿地香农多样性指数与研究区域人为、自然关键因素的相关关系

总体上，人为因素对香农多样性指数的影响程度大于自然因素。其中，香农多样性指数与人为因素相关性的大小表现为土地利用率＞水产品产量＞化肥施用量＞石油开采量；香农多样性指数与自然因素相关性的大小表现为年降水量＞年均含沙量＞年径流量＞年均气温＞年均潮水位＞年蒸发量。冗余分析表明，人为因素对香农多样性指数的解释度为 65.83%，气候因素对其的解释度为 34.17%。

3）辽河口湿地优势度的驱动力分析

冗余分析结果表明（图 8-47），优势度与年降水量、年蒸发量、年径流量、年均含沙量、年均潮水位均呈正相关，与年均气温、石油开采量、水产品产量、土地利用率、化肥施用量呈负相关。

总体上，人为因素对优势度的影响程度大于自然因素。其中，优势度与人为因素相关性的大小表现为土地利用率＞水产品产量＞化肥施用量＞石油开采量；优势度与自然因素相关性的大小表现为年降水量＞年均含沙量＞年径流量＞年均气温＞年均潮水位＞年蒸发量。冗余分析表明，人为因素对优势度的解释度为 66.59%，气候因素对其的解释度为 33.41%。

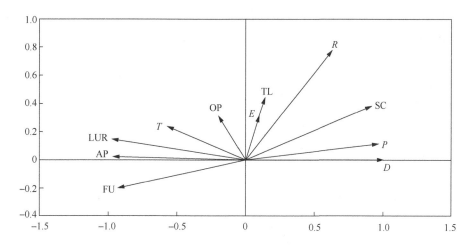

图 8-47　冗余分析下湿地优势度与研究区域人为、自然关键因素的相关关系

4）辽河口湿地景观破碎度的驱动力分析

冗余分析结果表明（图 8-48），景观破碎度与年均气温、水产品产量、土地利用率、化肥施用量均呈正相关，与年降水量、年蒸发量、年径流量、年均含沙量、年均潮水位、石油开采量呈负相关。

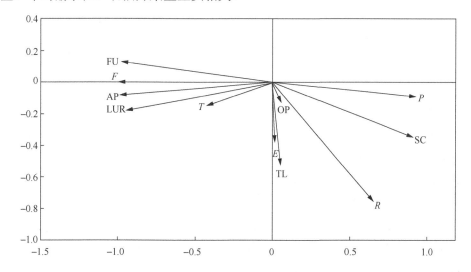

图 8-48　冗余分析下湿地景观破碎度与研究区域人为、自然关键因素的相关关系

总体上，人为因素对辽河口湿地景观破碎度的影响程度大于自然因素。其中，景观破碎度与人为因素相关性的大小表现为水产品产量＞化肥施用量＞土地利用率＞石油开采量；景观破碎度与自然因素相关性的大小表现为年降水量＞年均含

沙量＞年径流量＞年均气温＞年均潮水位＞年蒸发量。冗余分析表明，人为因素对景观破碎度的解释度为72.49%，气候因素对其的解释度为27.51%。

5）辽河口湿地天然湿地面积的驱动力分析

冗余分析结果表明（8-49），天然湿地面积与年降水量、年蒸发量、年径流量、年均含沙量、石油开采量均呈正相关，与年均气温、年均潮水位、水产品产量、土地利用率、化肥施用量呈负相关。

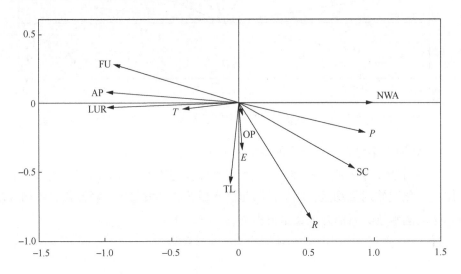

图 8-49　冗余分析下天然湿地面积与研究区域人为、自然关键因素的相关关系

总体上，人为因素对辽河口湿地天然湿地面积的影响程度大于自然因素。其中，天然湿地面积与人为因素相关性的大小表现为土地利用率＞水产品产量＞化肥施用量＞石油开采量；天然湿地面积与自然因素相关性的大小表现为年降水量＞年均含沙量＞年径流量＞年均气温＞年均潮水位＞年蒸发量。冗余分析表明，人为因素对破碎度的解释度为72.02%，气候因素对其的解释度为27.98%。

6）辽河口湿地人工湿地面积的驱动力分析

冗余分析结果表明（图 8-50），人工湿地面积与年降水量、年径流量、年均含沙量均呈正相关，与年均气温、年蒸发量、年均潮水位、石油开采量、水产品产量、土地利用率、化肥施用量呈负相关。

总体上，人为因素对辽河口湿地人工湿地面积的影响程度大于自然因素。其中，人工湿地面积与人为因素相关性的大小表现为土地利用率＞水产品产量＞化肥施用量＞石油开采量；人工湿地面积与自然因素相关性的大小表现为年降水量＞年均含沙量＞年均气温＞年径流量＞年蒸发量＞年均潮水位。冗余分析表明，人为因素对人工湿地面积的解释度为 **68.50%**，气候因素对其的解释度为 **31.50%**。

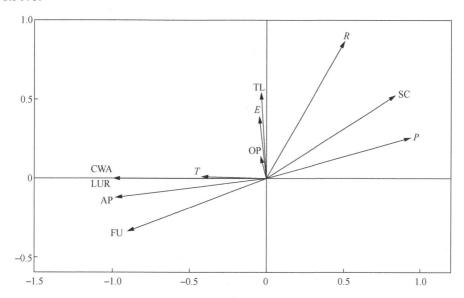

图 8-50　冗余分析下人工湿地面积与研究区域人为、自然关键因素的相关关系

7）辽河口湿地芦苇产量的驱动力分析

冗余分析结果表明（图 8-51），芦苇产量与年均气温、年蒸发量、石油开采量、水产品产量、土地利用率、化肥施用量均呈正相关，与年降水量、年径流量、年均含沙量、年均潮水位呈负相关。

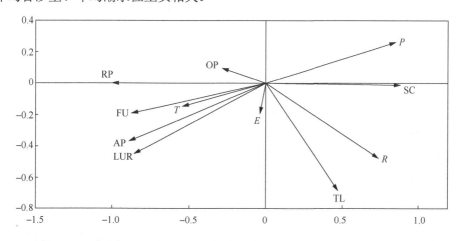

图 8-51　冗余分析下湿地芦苇产量与研究区域人为、自然关键因素的相关关系

总体上，人为因素对辽河口湿地芦苇产量的影响程度大于自然因素。其中，

芦苇产量与人为因素相关性的大小表现为化肥施用量＞水产品产量＞土地利用率＞石油开采量；芦苇产量与自然因素相关性的大小表现为年均含沙量＞年降水量＞年径流量＞年均潮水位＞年均气温＞年蒸发量。冗余分析表明，人为因素对芦苇产量的解释度为 65.87%，气候因素对其的解释度为 34.13%。

　　8）辽河口湿地植物冠层温度的驱动力分析

　　冗余分析结果表明（图 8-52），植物冠层内温度与年均气温、石油开采量、水产品产量、土地利用率、化肥施用量均呈正相关，与年降水量、年蒸发量、年径流量、年均含沙量、年均潮水位呈负相关。

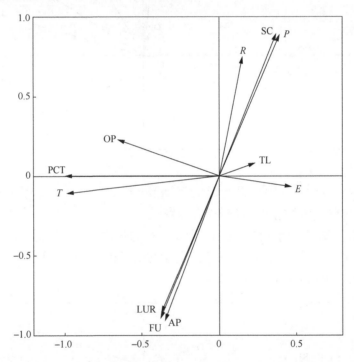

图 8-52　冗余分析下湿地植物冠层内温度与研究区域人为、自然关键因素的相关关系

　　总体上，自然因素对辽河口湿地植物冠层内温度的影响程度大于人为因素。其中，植物冠层内温度与人为因素相关性的大小表现为石油开采量＞化肥施用量＞土地利用率＞水产品产量；植物冠层内温度与自然因素相关性的大小表现为年均气温＞年蒸发量＞年降水量＞年均含沙量＞年均潮水位＞年径流量。冗余分析表明，人为因素对植物冠层内温度的解释度为 33.70%，气候因素对其的解释度为66.30%。

　　由此可以看出，研究区域内影响湿地生态系统稳定性变化的驱动力主要来自两方面：人为因素和自然因素。其中，在影响辽河口湿地面积、景观格局指数、植物生物量方面，人为因素对辽河口湿地生态系统稳定性影响大于自然因素。在影响植物冠层内温度方面，自然因素对辽河口湿地生态系统稳定性影响大于人为因素。

（二）自然驱动因素

自然因素中的气候变化及水文变化会对辽河口湿地生态系统稳定性产生一定的影响，辽河口湿地生态系统稳定性对气候变化及水文变化比较敏感，所以气候变化及水文变化是影响并导致辽河口湿地生态系统稳定性发生变化的重要因素之一。本书在气候因素方面选取年平均气温、年降水量和年蒸发量三个因子，在水文因素方面选取年径流量、年均含沙量和潮汐潮位三个因子。由相关性分析及冗余分析的结果可知，气候因素中年平均气温与年降水量对湿地生态系统的影响较大，水文因素中年均含沙量对湿地生态系统的影响较大。

1. 年平均气温

1985～2015 年盘锦市的年平均气温变化趋势与图 8-29 相同。由图中可以看出，在 1985～2015 年，盘锦市年平均气温呈现逐步上升的趋势，并以每年 0.0533℃的速度在升高。其中，1985 年盘锦市年平均气温较低为 8.750℃，2007 年盘锦市年平均气温最高为 10.583℃。河口滨海湿地气温升高，海平面随之升高，直接受影响的是滩涂湿地，因海水的顶托，淡水生动植物将向陆地内迁移或退缩。

2. 年降水量

降水是地表水和河流径流的直接来源，构成了湿地水资源的主体。同时降水量也直接决定了蒸发量的大小，进而影响湿地环境的湿度，而环境湿度对湿地植物群落的生长和发育起到至关重要的作用。相关研究表明，在降水不足的情况下，湿地分布面积明显萎缩。相关文献数据表明，辽河口湿地降水量呈减少趋势，湿地由于缺水有向旱地和裸地转化的趋势。1985～2015 年六间房水文站的年降水量变化趋势与图 8-19 相同。

由图 8-19 可以看出，在 1985～2015 年，辽河口湿地区域平均年降水量为 635.2mm；年降水量最低值为 349.4mm，出现在 1992 年；年降水量最大值为 1081.7mm，出现在 2010 年。保持降水量充足是湿地区域内植物群落结构稳定的前提。在人类活动影响较小的天然湿地区域，湿地降水量直接决定了洪涝和干旱灾害的发生情况及其影响程度，这对湿地内生态系统稳定的影响最为直接。辽河口湿地近年来降水量呈现逐年减少的总体变化趋势，这对天然湿地保持水量平衡和湿地内水生植物未来的健康生长是不利的，从而也对湿地生态系统产生重要影响。

3. 年均含沙量

辽河上游携带的泥沙在辽河口淤积，滋养了河口湿地的土壤和植被。若输沙量达不到湿地所需量，盐沼沉积物就会因为营养盐过剩而被侵蚀，这样就可能造成湿地表面下陷，高程降低，进而使盐沼分布与种间关系发生改变。从辽河流域水文年鉴上收集六间房水文站1985～2015年的年均含沙量数据，图8-53显示了1985～2015年六间房水文站的年均含沙量变化趋势。

由图8-53可以看出，1985～2015年，六间房水文站记录的年均含沙量呈现减少的趋势。研究时段内，在1987～1999年年均含沙量波动幅度较大，在2000～2015年波动幅度较小，维持在较稳定水平，其中，在1993年时年均含沙量达到最大值（3.65kg/m³）。2000～2005年年均含沙量值较低，在2001年时年均含沙量最低（0.24kg/m³）。有相关研究表明，河流径流量的变化能引起翅碱蓬植被区盐度的变化，并进一步影响翅碱蓬植被生长。这些都会导致湿地生态系统结构的完整性及功能的稳定性受到破坏，使整个湿地生态系统面临退化的威胁。

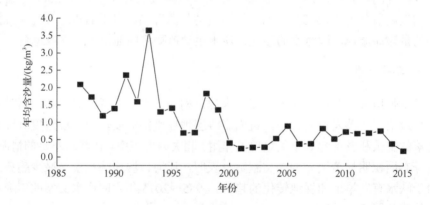

图 8-53　六间房水文站含沙量变化

注：由于六间房水文站在1985年、1986年未建成，故无1985年与1986年数据

（三）人为驱动因素

辽河口湿地生态系统稳定性的改变是多个因素共同作用的结果，除了研究区范围内自身的变化规律和自然因素对他的影响之外，人为因素的影响分析也是必不可少的。本节侧重人类活动对辽河口湿地生态系统稳定性影响的作用，所以选取了石油开采量、水产品产量、土地利用率和化肥施用量四个指标。由相关性分

析及冗余分析的结果可知，人为因素中水产品产量、土地利用率和化肥施用量对湿地的生态系统影响较大。

1. 水产品产量

由于地理环境的特殊性，河蟹养殖业是盘锦渔业中重要组成部分。养殖场的养殖密度、饵料投喂方式、饵料结构、河蟹代谢产物及残饵的分解对水质状况造成不同程度的影响，进而对芦苇盐沼造成污染，导致天然湿地面积减少。同时养殖场大量占地改变系统水文动力，隔断自然系统的连贯性，造成动植物栖息地破碎，改变景观连通性，导致物种多样性丧失。图 8-54 显示了 1985～2015 年盘锦水产品产量的变化趋势。

由图 8-54 可以看出，1985～2015 年，盘锦水产品产量呈持续增加的趋势，从 1985 年的 1.63 万 t 增加到 2015 年的 34.85 万 t，共增加 33.22 万 t。研究时段内，盘锦市人口增长趋势可以分为五个阶段：1985～1992 年、1999～2004 年为缓慢增长阶段，1993～1998 年、2005～2009 年、2010～2015 年为快速增长阶段。水产养殖业规模的扩张给湿地带来的直接影响就是湿地面积的大幅减少，另一项影响就是对湿地水体污染与富营养化，从而改变了湿地生态系统原有的平衡性和多样性，破坏了湿地生态健康状况。

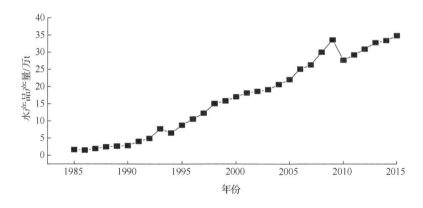

图 8-54 盘锦水产品产量变化

2. 土地利用率

辽河口湿地天然的地理位置与优美的环境，致使建筑住宅及交通用地等基础建设与土地围垦成为土地利用中重要因素。建筑住宅及交通用地等基础建设面积的不断扩张，使湿地分布面积萎缩，其类型及空间格局随之发生变化。土地围垦可以直接改变滨海湿地景观自然演变的过程和方向，同时也会破坏湿地的生态结构和功能，湿地被围垦后斑块数量增多，破碎化程度升高，景观多样性降低，优势度上升，致使其逐渐脱离了原本的演变轨迹，进而改变了湿地的退化速度。图 8-55 显示了 1985～2015 年盘锦土地利用率的变化趋势。

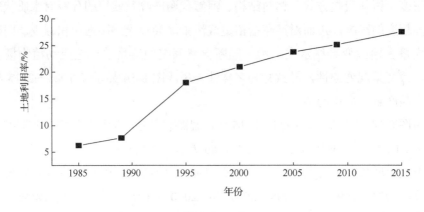

图 8-55　盘锦土地利用率的变化

　　由图 8-55 可以看出，1985～2015 年，盘锦土地利用率呈持续增加的趋势，从 1985 年的 6.239%增加到 2015 年的 27.557%，共增加 21.318%。研究时段内，盘锦市人口增长趋势可以分为两个阶段：1985～1989 年、1995～2015 为缓慢增长阶段，1989～1995 年为快速增长阶段。1985～1989 年，盘锦土地利用率增长速率为 0.353%/年，1995～2015 年，盘锦土地利用率增长速率为 0.477%/年，1989～1995 年，盘锦土地利用率增长速率为 1.728%/年。建筑住宅及交通用地等基础建设和土地围垦活动的不断扩张，直接导致小斑块数量减少、大斑块面积增大，即景观的空间异质性降低，进而导致整个区景观的类型多样性降低。

3. 化肥施用量

　　随着人口的不断增加，盘锦市乃至整个社会都面临着巨大的粮食压力。辽河口湿地稻田区的农民为了增加粮食产量，不断在耕地上增加化肥的施用量特别是氮肥的投入量，以提高单位播种面积的水稻产量。但是，农户一味追求粮食产量而过量地施用化肥，使得大量未被利用的化肥进入环境，造成土壤、水质、大气等方面的环境问题，直接或间接地影响经济的可持续发展和湿地生态系统的稳定性。图 8-56 显示了 1985～2015 年盘锦化肥施用量的变化趋势。

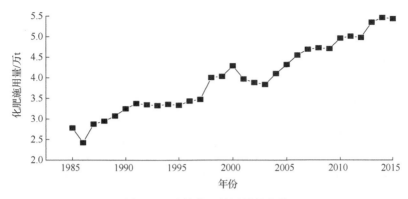

图 8-56　盘锦化肥施用量的变化

由图 8-56 可以看出，1985～2015 年，盘锦化肥施用量呈持续增加的趋势，并以每年 885.63t 的速度在升高。从 1985 年的 2.78 万 t 增加到 2015 年的 5.43 万 t，共增加 2.65 万 t。研究时段内，盘锦化肥施用量在 2014 年最高（5.46 万 t）。化肥的污染进一步加剧辽河口湿地水质的富营养化程度。

四、辽河口湿地生态系统稳定性预警模型与调控对策

（一）灰色预测 GM(1,1)模型构建

1. 预测模型构建的基础

1）单因子评价

逻辑斯谛增长模型（logistic growth model）又被称为自我抑制性曲线方程，于 20 世纪 20 年代由 Lotka 和 Volterra 在种群生态学中的总群数量增长过程的研究中提出的，时至今日应用仍比较广泛。评价中各指标测试只有能够线性地反映出生态安全中心横向和纵向的状态才能更好地说明问题，然而湿地生态安全评价中各个指标的测试值并不能线性反应。因此，苗承玉（2012）、徐浩田（2017）使用此模型分别对图们江流域湿地、凌河口湿地生态系统进行了单因子评价，计算公式如下：

$$P = \frac{1}{1+e^{a-b\times R}} \qquad (8\text{-}11)$$

式中，P 表示单项指标的生态安全评价指标评价值；R 表示单项指标测度值；a、b 均为常数。其中，a、b 的确定方法为当 $R=0.01$ 时，P 的值近似取 0.001；当 $R=0.99$ 时，P 的值近似取 0.999，则此时方程中的 a 和 b 的值求解分别为 4.595 和 9.19。因此，单项指标评价模型最终计算公式如式（8-12）和式（8-13）所示：

$$P = \frac{1}{1+e^{4.595-9.19R}} \qquad (8\text{-}12)$$

$$P = 1 - \frac{1}{1 + e^{4.595 - 9.19R}}$$ 　　　　　（8-13）

式中，当单项指标量值增加方向与生态环境质量增加方向相同时，采用式（8-12）来进行指标评价；当单项指标量值增加方向与生态环境质量增加方向相反时，采用式（8-13）进行指标评价。

　　根据辽河口湿地2009年和2015年解译的遥感影像和各单项指标的公式计算，利用单因子评价法得到两个时期的单项指标值及指标测度值，如表8-39所示。

表 8-39　2009 年和 2015 年各个单项指标值及指标测度值

评价指标	2009 年	2015 年	指标测度值 R
年均气温	93.4	101.75	0.089
年降水量	5288	4471	0.155
年蒸发量	14979.8	12380.6	0.174
河流径流量	11.44	9.16	0.199
河流含沙量	0.521	0.172	0.670
潮汐潮位	1.63	1.7	0.043
油田开采	1000	1037	0.037
渔业养殖	335896	348500	0.038
土地利用率	23.135	27.557	0.092
化肥施用量	47057	54341	0.155
景观破碎度	0.776	0.796	0.026
香农多样性指数	1.886	1.961	0.040
优势度	0.280	0.17	0.393
斑块数	1002	1027	0.025
氨氮（水体）	2.00	2.358	0.177
总氮	22.14	14.921	0.326
总磷	1.91	0.526	0.724
COD	226.98	106.793	0.530
氨氮（土壤）	0.62	0.597	0.031
硝态氮	3.570	3.403	0.045
亚硝态氮	0.19	0.181	0.042
铅	0.01	0.01	0.111
湿地面积	920.97	886.969	0.037
进出口水质等级	3.36	3.058	0.091
植物生物量	469964	450000	0.042
植物冠层内温度	9.34	10.18	0.090

2）综合评价

根据各单项指标的评价值，采用 AHP 确定各指标的权重，再用加权平均法求得湿地生态系统健康的综合评价指数 CEI，计算公式如下：

$$CEI = \sum_{i=1}^{n} W_i \times P_i \tag{8-14}$$

式中，n 为指标数量；W_i 为第 i 个单项指标的权重值；P_i 为第 i 个单项指标的评价值。

通过综合评价法计算出辽河口湿地 2015 年的生态系统稳定性综合评价指数为 0.451，根据辽河口湿地生态系统稳定性评价等级标准可知，当前辽河口湿地生态系统稳定性属于一般稳定，具体结果如表 8-40 所示。

表 8-40　2015 年辽河口湿地生态系统稳定性综合评价计算结果

评价指标	指标测度值 R	单项评价值	单项权重	综合评价值
年均气温	0.089	0.978	0.0297	
年降水量	0.155	0.040	0.0077	
年蒸发量	0.174	0.952	0.0033	
河流径流量	0.199	0.060	0.0737	
河流含沙量	0.670	0.827	0.0246	
潮汐潮位	0.043	0.015	0.0983	
油田开采	0.037	0.986	0.0484	
渔业养殖	0.038	0.986	0.1080	
土地利用率	0.092	0.023	0.2328	
化肥施用量	0.155	0.960	0.0228	
景观破碎度	0.026	0.013	0.0190	
香农多样性指数	0.040	0.014	0.0497	
优势度	0.393	0.728	0.1115	0.451
斑块数	0.025	0.987	0.0190	
氨氮（水体）	0.177	0.951	0.0031	
总氮	0.326	0.832	0.0208	
总磷	0.724	0.113	0.0078	
COD	0.530	0.432	0.0078	
氨氮（土壤）	0.031	0.987	0.0223	
硝态氮	0.045	0.985	0.0038	
亚硝态氮	0.042	0.985	0.0038	
铅	0.111	0.973	0.0100	
湿地面积	0.019	0.014	0.0117	
进出口水质等级	0.091	0.977	0.0047	
植物生物量	0.042	0.015	0.0131	
植物冠层内温度	0.090	0.977	0.0426	

　　根据上述部分对辽河口湿地 2015 年生态系统稳定性评价的计算方法，分别计算出 1989 年、1995 年、2000 年、2005 年、2009 年和 2015 年的辽河口湿地生态系统稳定性综合评价指数，依次为 0.59、0.55、0.53、0.51、0.46 和 0.45。

　　2. 预测模型的构建

　　数列预测的基础是基于累加生成数列的 GM(1,1)模型，参考邓聚龙（1987）、徐浩田（2017）、朱卫红等（2012）的研究，将辽河口湿地 1989 年、1995 年、2000 年、2005 年、2009 年和 2015 年的生态系统稳定性综合评价指数记为原始数据序列 $X^{0}(i)$，（$i=1,2,3,4,5,6$）。依据 $X^{(0)}(i)$ 建立 GM(1,1)模型，并对该预测模型进行检验分析。

　　1）累加算子序列 $X^{(1)}(i)$

　　由样本原始数据序列

　　$X^{(0)} = \{X^{(0)}(1),\ X^{(0)}(2),\ X^{(0)}(3),\ X^{(0)}(4),\ X^{(0)}(5),\ X^{(0)}(6)\} =$（0.5889、0.5515、0.5269、0.5126、0.4642、0.4512）

　　对其作 1-AGO①，得

　　$X^{(1)} = \{X^{(1)}(1),\ X^{(1)}(2),\ X^{(1)}(3),\ X^{(1)}(4),\ X^{(1)}(5),\ X^{(1)}(6)\} =$（0.5889、1.1404、1.6673、2.1799、2.6441、3.0953）

　　2）原始序列 $X^{(0)}(i)$ 准光滑性检验

　　由光滑比分公式（计算公式见式（8-15））

$$g^{k} = \frac{X^{(0)}(k)}{X^{(1)}(k-1)} \tag{8-15}$$

得 $g^{(2)}=0.8947$，$g^{(3)}=0.4620 < 0.5$，$g^{(4)}=0.3074 < 0.5$，$g^{(5)}=0.2129 < 0.5$，$g^{(6)}=0.1706<0.5$。所以当 $k>3$ 时，原始数据序列满足光滑条件。

　　3）累加算子序列 $X^{(1)}(i)$ 准指数律检验

　　序列级比公式 $m^{(1)}(k) \in [1,\ 1.5]$，$\delta =0.5$，$m^{(1)}(3)=1.4620$，$m^{(1)}(4)=1.3074$，$m^{(1)}(5)=1.2129$，$m^{(1)}(6)=1.1706$。所以当 $k>3$ 时，$m^{(1)}(k) \in [1,\ 1.5]$，$\delta =0.5$，准指数律成立。

　　综上可知，可对序列 $X^{(1)}(i)$ 建立 GM(1,1)模型。

---

① 1-AGO 为灰色系统理论方法中的一种，表示累加序列。

4）构建 GM(1,1)模型

$X^{(1)}(i)$ 的紧邻均值生成：

$Z^{(1)} = \{Z^{(1)}(2),\ Z^{(1)}(3),\ Z^{(1)}(4),\ Z^{(1)}(5),\ Z^{(1)}(6)\} = $（0.8647、1.4039、1.9236、2.4120、2.8697）

构造数据矩阵 B 和数据向量 Y，设 $P = (a,\ b)^{\mathrm{T}}$，根据最小二乘法估计参数，得

$$\hat{P} = \left(\hat{a}, \hat{b}\right)^{\mathrm{T}} = \left(BB^{\mathrm{T}}\right)^{-1} B^{\mathrm{T}} Y = \begin{bmatrix} 0.052355 \\ 0.600480 \end{bmatrix}$$

所以原始序列 $X^{(0)}(i)$ 的 GM(1,1)模型白化方程为

$$\frac{\mathrm{d}X^{(1)}}{\mathrm{d}t} + 0.052355X^{(1)} = 0.600480$$

其时间响应式为

$$\begin{cases} \hat{X}^{(1)}(k+1) = -10.880475\mathrm{e}^{-0.052355k} + 11.469375 \\ \hat{X}^{(0)}(k+1) = \hat{X}^{(1)}(k+1) - \hat{X}^{(1)}(k) \end{cases}$$

（二）预测模型精度检验

按照相对误差 ε 检验、灰色绝对关联度 O 检验、均方差比值 C 检验及小误差概率 P 检验等检验条件依次对由原始数据序列建立的 GM(1,1)模型白化方程 $\dfrac{\mathrm{d}X^{(1)}}{\mathrm{d}t} + 0.052355x^{(1)} = 0.600480$ 进行检验。

1. 相对误差 ε 检验

依据公式：$\hat{X}^{(0)}(k+1) = \hat{X}^{(1)}(k+1) - \hat{X}^{(1)}(k)$

残差：$Q = \left[q(1), q(2), q(3), q(4), q(5), q(6)\right]$，其中 $q(k) = X^{(0)}(k) - \hat{X}^{(0)}(k)$

相对误差：$\varepsilon(k) = \dfrac{q(k)}{X^{(0)}(k)} \times 100\%$

对预测模型 GM(1,1)进行相对误差的计算检验（具体计算结果见表 8-41）

平均相对误差：$\varepsilon(\mathrm{avg}) = \dfrac{1}{n-1}\sum\limits_{k=2}^{n}|\varepsilon(k)| = 1.1172\%$

表 8-41　预测模型残差检验

$X^{(0)}(i)$	$\hat{X}^{(1)}(i)$	$\hat{X}^{(0)}(i)$	$q(k)$ 残差	$\varepsilon(k)$ 相对误差/%
0.5889	0.5889	0.5889	0	0
0.5515	1.1439	0.5550	−0.0035	0.6334
0.5269	1.6706	0.5267	0.0002	0.0410
0.5126	2.1704	0.4998	0.0128	2.4934
0.4642	2.6447	0.4743	−0.0101	2.1810
0.4512	3.0949	0.4501	0.0011	0.2372

2. 灰色绝对关联度 O 检验

灰色绝对关联度 O 检验公式如下：

$$s = \left| \sum_{k=2}^{5} \left(X^{(0)}(k) - X^{(0)}(1) \right) + \frac{1}{2} \left(X^{(0)}(n) - X^{(0)}(1) \right) \right| = 0.36925$$

$$\hat{s} = \left| \sum_{k=2}^{5} \left(X^{(0)}(k) - X^{(0)}(1) \right) + \frac{1}{2} \left(X^{(0)}(n) - X^{(0)}(1) \right) \right| = 0.369165$$

$$|\hat{s} - s| = 0.000085$$

所以，灰色绝对关联度 $O = \dfrac{1 + |s| + |\hat{s}|}{1 + |s| + |\hat{s}| + |\hat{s} - s|} = 0.9999511$

计算均方差比值 C：

$$\overline{X} = \frac{1}{6} \sum_{k=1}^{6} X^{(0)}(k) = 0.5158833$$

$$S_1^2 = \frac{1}{6} \sum_{k=1}^{6} \left(X^{(0)}(k) - \overline{X} \right)^2 = 0.002272271256$$

$$S_1 = 0.047668346$$

$$\overline{q} = \frac{1}{6} \sum_{k=1}^{6} q(k) = 0.000075$$

$$S_2^2 = \frac{1}{6}\sum_{k=1}^{6}\left(q(k)-\overline{q}\right)^2 = 0.00004653171802$$

$$S_2 = 0.00682141613$$

所以，均方差比值 $C = \dfrac{S_2}{S_1} = 0.14310159$。

3. 小误差概率 P 检验

小误差概率 P 检验公式如下：

$0.6745 S_1 = 0.032152299$

$\left|q(1)-\overline{q}\right| = 0.000075$，$\left|q(2)-\overline{q}\right| = 0.003568$，$\left|q(3)-\overline{q}\right| = 0.000141$，$\left|q(4)-\overline{q}\right| = 0.012706$，$\left|q(5)-\overline{q}\right| = 0.010199$，$\left|q(6)-\overline{q}\right| = 0.0000995$

所以小误差概率 P 为

$$P = P\left\{\left|q(k)-\overline{q}\right| < 0.6745S_1\right\} = 1$$

综上，小误差概率 P =1>0.95；灰色绝对关联度 O =0.9999511>0.90；均方差比值 C =0.14310159<0.35，根据精度检验等级参照表（表 8-42）可知：三个检验指标的精度检验等级均为一级（优秀），表明预测模型的预测结果较好，本书所建立的GM(1,1)模型是可行的，因此可以对未来辽河口湿地生态系统稳定性状况进行预测分析。

表 8-42　精度检验等级参照表

精度检验等级	灰色绝对关联度 O	均方差比值 C	小误差概率 P
一级（优秀）	$O \geqslant 0.90$	$C \leqslant 0.35$	$P \geqslant 0.95$
二级（良好）	$0.80 \leqslant O < 0.90$	$0.35 < C \leqslant 0.50$	$0.80 \leqslant P < 0.95$
三级（合格）	$0.60 \leqslant O < 0.80$	$0.50 < C \leqslant 0.65$	$0.70 \leqslant P < 0.80$
四级（不合格）	$O < 0.60$	$C > 0.65$	$P < 0.70$

（三）预测结果分析

对预测模型 GM(1,1)的预测方程 $\dfrac{\mathrm{d}X^{(1)}}{\mathrm{d}t} + 0.052355X^{(1)} = 0.600480$ 进行计算，得到 2020～2050 年辽河口湿地生态系统稳定值，分别为：2020 年为 0.43、2025 年为 0.41、2030 年为 0.38、2035 年为 0.37、2040 年为 0.35、2045 年为 0.33、2050 年为

0.31。2025 年后均为较不稳定状态，并有向不稳定状态发展的趋势。将 1989 年至 2050 年辽河口湿地生态系统稳定值绘制成趋势曲线图（图 8-57），从图 8-57 可以看出，从 1989 年开始，生态系统稳定性状况一直呈下降趋势，如果今后仍不能对湿地采取有效的保护措施，生态系统稳定性将继续降低，直至达到不稳定状态。

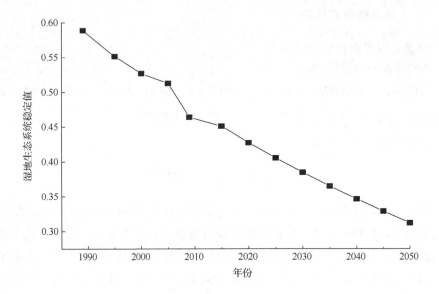

图 8-57　辽河口湿地生态系统稳定性综合评价指数模拟与预测

（四）应对措施

辽河口湿地自然保护区的建立不仅要保护湿地的自然资源，还要保证该区的经济发展，因此，需要对自然保护区实行系统化管理，以实现自然保护区的生态价值与经济价值，即除了要保护湿地生态系统不受破坏外，还应将科学研究、生态旅游和资源开发利用等相结合，共同促进该区的经济发展。为此，本节针对辽河口湿地的具体情况提出以下保护措施。

（1）完善湿地保护的政策与法规，加强保护湿地资源的宣传教育，提高当地居民与游客的湿地保护意识。湿地保护需要各行各业密切合作，共同努力，要充分调动各级政府和群众的力量。大力开展群众对湿地保护知识和有关法律知识的宣传教育活动，使公众掌握湿地常识，了解湿地在维持我们赖以生存的生态环境中所起的作用，使他们关心和参与湿地的保护和管理工作。

（2）加强管理队伍与科研队伍的建设。湿地的管理具有很高的科技含量，必须建立高水平的管理队伍，注重湿地科研人员的培养和队伍建设，通过专业教育和技术培训，提高管理者、科技人员的管理水平和专业知识水平，完善湿地保护和合理利用的技术培训体系。

（3）成立专家系统，强化科学研究。利用遥感技术、全球定位系统、地理信息系统和专家预测预报系统，建立生物多样性的资料数据库，对已知的湿地生物多样性资源建立模型库和标本库，同时要能及时全面了解湿地的现状及其变化情况。对景观、群落、种群、物种类型进行定点、定时、定位监测。开展湿地资源开发利用与保护、构建湿地生态系统指标体系、退化湿地生态系统管理与恢复等方面的研究。

（4）合理配置水资源，保障湿地生态用水。湿地能够调节与分配不均匀的降水，使其能避免或减少洪水灾害，提供稳定的水源补给。可以考虑利用非常规水源对湿地生态修复进行生态补水，促使辽河口湿地生态系统健康发展。

（5）合理优化配置湿地资源。运用生态经济学、系统生态学和生物工程学等理论，研究湿地资源开发与利用的最佳方式，在保护湿地不受影响的基础上充分发挥湿地资源的生态效益、社会效益与经济效益。

（6）污染源的控制与管理。湿地生态系统有一定的自我净化能力，工业废水、生活废水和医疗废水等大量增加，使湿地生态环境日益下降，天然湿地面积不断减少。因此，必须严格控制污染源，加大污水处理的强度。可以通过种植荷花、浮萍，养殖草食性浮游动物和鱼类等底栖动物，去除总氮、总磷，增加水体透明度，消除水体的富营养化问题。

（7）充分发挥湿地自我修复能力。人为活动的过度干扰使湿地生态系统结构紊乱、功能衰退、生物多样性减弱。可以通过控制人口、退耕还湿、湿地补偿等一系列措施减少人为干扰，并利用大自然的力量，依靠湿地强大的自我修复能力，加上一些合理的管理方式，湿地是可以自我恢复的。

第三节　辽河口湿地生态系统可持续发展评价

本节基于 2015 年辽河口湿地数据，对其可持续发展情况进行评价。

一、辽河口湿地生态系统能值分析图

辽河口湿地生态系统服务价值同样采用能值方法进行核算，具体计算方法参见第四章第二节。基于辽河口湿地生态系统特点，绘制了能值分析图（图 8-58）。

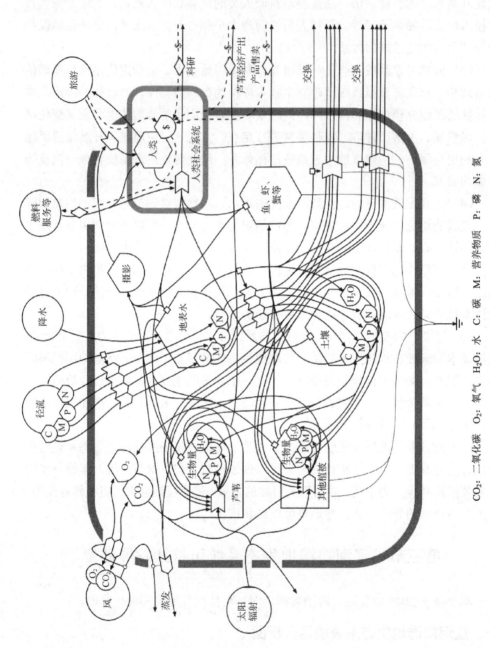

图 8-58　辽河口湿地生态系统能值值分析图

CO₂: 二氧化碳　O₂: 氧气　H₂O: 水　C: 碳　M: 营养物质　P: 磷　N: 氮

二、辽河口湿地能值投入结构

　　辽河口湿地投入的总能值为 307.12×10^{18}sej（表 8-43），包括可更新资源投入、不可更新资源投入和外部资源投入。可更新资源投入为 74.83×10^{18}sej，占投入总能值的 24.37%，潮汐和风能是可更新资源投入主要贡献者，分别占可更新资源投入的 44.6% 和 39.7%；不可更新资源投入为 103.02×10^{18}sej，占投入总能值的 33.54%，由沉积物和水资源构成；外部资源投入为 129.27×10^{18}sej，是投入总能值的主要组成，占比为 42.09%，其中用于收割芦苇场的燃料和收割机是外部资源投入的主要组成，总计 79.17×10^{18}sej，占外部资源投入的 61.24%。其余主要用于水产养殖需要的鱼苗、虾苗、蟹苗等。辽河口湿地能值投入的结构表明外部资源投入所代表的人类活动，对辽河口湿地具有较大影响。

表 8-43　辽河口湿地能值核算表

	指标	原始数据	单位	UEV/(sej/单位)	太阳能值/×10^{18}sej
可更新资源投入					74.83
1	太阳辐射	1.06×10^{19}	J	1	10.64
2	地热	2.22×10^{14}	J	4900	1.09
3	潮汐	1.08×10^{15}	J	30900	33.38
4	风能	3.72×10^{16}	J	800	29.72
5	海浪能	6.33×10^{14}	J	4200	2.66
6	雨水化学能	1.83×10^{15}	J	7000	12.80
	（与雨水势能中较大的值）				
不可更新资源投入					103.02
7	沉积物	2.13×10^{16}	J	3509	74.80
8	水资源	5.88×10^{14}	J	48000	28.22
外部资源投入					129.27
9	燃料	6.95×10^{14}	J	1.10×10^{5}	76.47
10	机械	2.39×10^{8}	J	1.13×10^{10}	2.70
11	灌溉水	1.60×10^{15}	J	2.13×10^{4}	34.09
12	鱼苗、虾苗、蟹苗等	4.27×10^{5}	美元	1.21×10^{13}	5.17
13	劳动力	2.84×10^{5}	h	3.82×10^{13}	10.84
	合计				307.12

三、可持续发展评价

　　辽河口湿地的能值指标评价结果（表 8-44）表明，EYR 为 2.38，表明经济发

展取决于 P，经济效益低。ELR 为 3.10，表明研究区域面临的环境压力很大。ESI 为 0.77，低于 1，表明当地资源不再能够满足开发需求。这个事实与湿地需要灌溉和芦苇管理的实际情况是一致的。研究区的发展处于不可持续的状态。

表 8-44　能值指标评价结果

指标	公式	值
EYR	$(R+N+P)/P$	2.38
ELR	$(N+P)/R$	3.10
ESI	EYR/ELR	0.77

将辽河口湿地研究结果与其他三个典型湿地进行了比较，如表 8-45 所示。可以发现，辽河口湿地 ELR 低于黄河口湿地（3.71），高于白洋淀湿地（2.92）和人工湿地（2.19），辽河口湿地的 EYR 和 ESI 值低于其他湿地，表明研究区对环境的压力更大，经济发展需要从外部购买更多的资源，这是一个资源消耗系统（李春发等，2015）。

表 8-45　能值指标评价比较

能值指标	辽河口湿地	黄河口湿地 （许国晶等，2013）	白洋淀湿地 （Meng et al.，2010）	人工湿地 （Li et al.，2009）
EYR	2.38	32.02	6.67	2.98
ELR	3.10	3.71	2.92	2.19
ESI	0.77	8.63	2.28	1.36

第四节　辽河口湿地生态系统服务价值评价

生态系统服务框架除了"千年生态系统评估"的分类方式之外，还有学者从其他角度对生态系统服务进行了分类。Boyd 和 Banzhaf（2007）从环境核算的角度出发，将生态系统服务分为中间过程、服务和效益三类，Fisher 等（2008）则认为服务不同于效益，Balmford 等（2011）在 Fisher 等的研究基础上将生态系统服务分为核心生态系统过程、产生效益的生态系统过程和有效益的生态系统服务三类。崔丽娟等（2016）将湿地生态系统服务分为最终服务和中间服务两部分，以最终服务的价值作为湿地生态系统服务的总价值，避免对中间价值部分的重复计算问题。本节采用最终服务和中间服务框架，对 2015 年辽河口湿地生态系统服务价值进行核算。

一、生态系统服务框架

1. 最终服务价值

1) 物质生产价值

辽河口湿地的物质生产价值主要包括水产品价值和植物资源价值。芦苇是湿地的关键植物物种，在各类植被中所占比例最大，其产量可以通过查询对应年份的年鉴资料得到。水产品产量也可由年鉴查得。

2) 调蓄洪水价值

为尽量减小年际突发事件影响，以 2006～2015 年年鉴数据计算辽河口湿地沼泽、库区蓄水量、河流年均径流总量，并求得该湿地生态系统总蓄水量。以此蓄水量计算湿地生态系统调蓄洪水价值。

3) 水质净化价值

由于辽河口湿地上游分布大量造纸厂，水质净化价值主要针对造纸废水计算。根据沈阳农业大学水生态团队 2006～2015 年相关课题研究成果，计算辽河口湿地中芦苇湿地对废水中氮、磷及重金属（铜、锌、铅、镉）的净化价值。

4) 大气调节价值

大气调节是指湿地生态系统吸收与储存 CO_2，同时释放 O_2 的过程，起到调节大气组分、减缓温室效应、控制全球变暖的作用。大气调节价值以辽河口湿地面积和芦苇平均产量计算。

5) 土壤保持价值

土壤保持价值体现在促淤造陆方面，主要通过植物根系对底泥的黏结固定和植株对陆源径流的阻挡而实现。此过程消耗径流的能量，并使其携带的泥沙沉积，泥沙颗粒中有机质的能量则转化为储存能值保存在土壤库中，增加了湿地的能值收益。本书采用土壤库能值分别计算有机碳、TN、TP 的能值。

6) 休闲娱乐价值

休闲娱乐价值是指辽河口湿地开展观鸟、游钓等生态旅游活动的价值。为尽量消除年际突发事件所带来的差异，休闲娱乐价值通过查阅盘锦市地方志 2013～2015 年旅游收入，以近三年平均值计算。

7) 科研教育价值

本书以科研文化价值计算科研教育价值。以近三年的年平均论文发表数量作为最新科研成果来计算。在中国知网（http://www.cnki.net）中，以辽河口湿地和盘锦湿地为关键词，检索 2013 年到 2015 年发表的学术论文，以每年的平均论文数量作为计算基础。

2. 中间服务价值

1）补充地下水价值

计算芦苇湿地对补充地下水产生的价值，未计算河水入渗、渠系渗漏、灌溉水回渗及地下侧向径流补给量。芦苇湿地每年淹水状态为 5 月至 10 月，以 6 个月计算。地表水入渗系数取芦苇湿地入渗系数（Meillaud et al.，2005）计算湿地地表水入渗量，以此计算补充地下水价值。

2）涵养水源价值

涵养水源价值参考森林生态系统涵养水源量计算方法计算，通过芦苇地上部截留雨量计算。其中植被面积以辽河口湿地芦苇面积计算，植被单位面积持水量为实测结果。以此计算涵养水源量。

3）营养循环价值

营养循环的计算方法主要有生物库养分持留法和土壤库养分持留法，生物库养分持留法指的是参与生物库循环的养分量为净初级生产力的营养元素量，通常用净初级生产力和其中营养元素含量的比例来计算。本书采用芦苇净初级生产力中 N/P 含量计算营养循环价值。

4）生物多样性价值

因辽河口湿地在维护生物多样性方面的最重要价值体现在维护鸟类尤其是濒危鸟类的种群数量和质量，故本书只计算辽河口湿地为鸟类提供栖息地的服务价值，以此价值估算辽河口湿地生物多样性价值。

二、生态系统服务价值核算

根据最终服务价值和中间服务价值对辽河口湿地生态系统服务价值进行了分析（表8-46），最终服务价值中，大气调节的价值占比为 28.45%，调蓄洪水价值占比为 24.75%，说明辽河口湿地生态系统对区域气候调控和防洪具有积极作用。这两项价值超过总价值的 50%，说明它们是辽河口湿地生态系统的主要服务价值。物质生产价值占最终服务价值的 9.50%，其中水产品（河蟹、虾、淡水鱼类、海参）的价值较高，而芦苇的价值较低。河蟹产品是主要的经济来源之一，可以对当地居民的收入产生明显的影响。科研教育价值占比为 13.12%，休闲娱乐价值占比为 9.33%，表明辽河口湿地具有重要的区域地位。水质净化价值占总值的 3.72%，对于该湿地来说较小。

就中间服务价值而言，生物多样性价值占总价值的 95.98%，补充地下水的价值占比为 4.02%，营养循环的价值占比为 0.34%，涵养水源价值占比为 0.00004%，体现了辽河口湿地在维持生物多样性方面的重要地位。2015 年辽河口湿地中间服务价值大于最终服务价值，表明湿地在为人类提供服务价值的过程中，伴随有能量损失。

表 8-46 基于能值方法核算的辽河口湿地生态系统服务价值

评价项目	服务指标	评估参数	原始数据	单位	能值转换率 /(sej/单位)	太阳能值 /×10^18 sej	能值货币价值 /×10^6 美元
最终服务	物质生产	河蟹	$3.35×10^{12}$	J	$2.54×10^6$	8.51	0.70
		虾	$1.67×10^{11}$	J	$2.54×10^6$	0.43	0.04
		淡水鱼类	$8.37×10^{11}$	J	$2.54×10^6$	2.13	0.18
		海参	$8.37×10^{12}$	J	$2.54×10^6$	21.26	1.76
		芦苇	$2.20×10^{13}$	J	$4.70×10^3$	0.1	0.01
	调蓄洪水	地表滞留量	$1.21×10^{16}$	J	$7.00×10^3$	84.83	6.98
	水质净化	N 去除	$8.87×10^8$	g	$4.60×10^9$	4.08	0.34
		P 去除	$4.54×10^8$	g	$1.78×10^{10}$	8.08	0.67
		Cu 去除	$4.56×10^8$	g	$6.80×10^{10}$	0.31	0.03
		Zn 去除	$8.46×10^8$	g	$1.25×10^{10}$	0.11	0.01
		Pb 去除	$9.95×10^8$	g	$1.25×10^{10}$	0.12	0.01
		Cd 去除	$4.39×10^8$	g	$1.25×10^{10}$	0.01	0.00
	大气调节	产出 O_2	$4.64×10^6$	美元	$1.21×10^{13}$	56.19	4.64
		吸收 CO_2	$3.38×10^6$	美元	$1.21×10^{13}$	40.87	3.38
	土壤保持	土壤保持	$1.02×10^6$	美元	$1.21×10^{13}$	12.39	1.02
		有机碳	$9.86×10^{14}$	J	$4.70×10^3$	4.64	0.38
		TN	$2.09×10^9$	g	$4.60×10^9$	9.6	0.79
		TP	$6.37×10^8$	g	$1.78×10^{10}$	11.34	0.94
	休闲娱乐	旅游收入	$2.63×10^6$	美元	$1.21×10^{13}$	37.96	2.63
	科研教育	论文发表	132	页	$3.39×10^{17}$	44.75	3.7
	小计					347.71	28.20
中间服务	补充地下水	地下水补给量	$9.07×10^{16}$	J	$1.91×10^5$	17322.72	1431.63
	涵养水源	涵养水源量	$3.86×10^{12}$	J	$8.1×10^4$	0.31	0.03
	营养循环	芦苇 N 吸收量	$4.87×10^8$	g	$4.60×10^9$	2.24	0.19
		芦苇 P 吸收量	$2.49×10^8$	g	$1.78×10^{10}$	4.43	0.37
	生物多样性	珍稀鸟类	8	种	$5.17×10^{22}$	413600	34181.82
		一般鸟类	$2.30×10^{11}$	J	$1.01×10^{11}$	0.02	0.00
	小计					430929.72	35614.03

　　计算结果充分强调了辽河口湿地生态系统对维持生物多样性的意义，生物多样性价值为341.82亿美元，占中间服务总价值（356.14亿美元）的95.98%，是辽河口湿地生态系统的最终服务价值（2820万美元）的约1212倍，这说明了生态系统服务过程中耗散了巨大的服务价值。

　　在多数研究中，生态系统服务量化采用的经济学方法忽略了湿地生态系统服务的丰富性和功能性。并且，经济学方法在实际应用中通常是随着评价目的的不同而采用不同的标准，导致了评估结果之间的巨大差异。在本节中，通过能值方法将辽河口湿地生态系统的能量、物质或信息的流入和流出定义为统一单位，并且采用了最终服务价值和中间服务价值的分类方法，避免了对服务价值的双重计算，并实现了对不同类型的能量、物质和信息在同一维度的核算和比较。湿地生态系统的所有UEV中，珍稀鸟类的UEV最高（$5.17×10^{22}$sej/种）。尽管在这个湿地生态系统中只有8种受保护的鸟类，但其生物多样性价值也最大。这一结果表明，辽河口湿地生态系统具有巨大的生物多样性保护的服务价值。

　　基于能值理论的评估结果可以提供不同服务之间的高度可比性，尤其是辽河口湿地生态系统的中间服务价值，并且可以引导决策者和管理者更多地关注生态系统的服务过程。这种生态系统服务评价和分类方法不仅适用于辽河口湿地生态系统，而且可以应用于其他生态系统，如森林生态系统和草地生态系统。

第五节　辽河口湿地生态补偿机制

一、已实施的湿地生态补偿项目

　　2014年、2015年、2017年、2018年，国家林业和草原局、财政部4次将辽河口保护区列为湿地生态效益补偿试点，共安排资金1.05亿元，主要用于开展保护区内及周边1km范围内的耕地补偿，湿地生态修复，湿地保护、湿地渠系改造清淤和扩大水域工程，湿地生态补水，湿地周边环境整治等项目，涉及项目如下。

　　1. 耕地补偿

　　耕地补偿共涉及资金1725.44万元。补偿范围为大洼区三角洲管委会，王家、赵圈河、清水和新兴四个镇16个村，辽河口生态经济区欢喜岭村和石新镇建业分场、草场分场共4759户，补偿面积77011亩（1亩≈666.7m²），补偿对象为保护区及周边1km范围内基本农田和第二轮承包期的土地经营权人，补偿款采用"一卡通"形式发放。2014年，补偿标准为保护区内耕地100元/亩，保护区周边1km

范围内耕地 85 元/亩，发放补偿资金 724.3 万元；2015 年、2017 年，保护区周边补偿标准为 65 元/亩，共计发放补偿资金 1001.14 万元。2018 年不涉及耕地补偿。

2. 湿地生态修复

湿地生态修复共涉及资金 3300.05 万元。2014 年，修建黑嘴鸥繁殖地泵站 1 座、控水闸门 1 座，人工管理、恢复黑嘴鸥繁殖地碱蓬植被面积 8000 亩；实施东郭管理站维修、湿地周边垃圾外运与处理；雇用了临时管护人员，购置了野生动物救护设备，完成了野外投食；实施丹顶鹤野化基地建设，完成繁殖地水系疏浚清淤 20 万 m³ 和生态隔离沟渠清淤 7.7 万 m³，修建繁殖地控水闸门 2 座；开展 5000 亩湿地生态补水，铺设进站路 4500m² 和野化基地管护房及大门新建工程。2015 年，实施退养还湿 230 亩，清理土方 9.3 万 m³；滩涂植被管理与恢复 1800 亩；退化湿地修复 1780 亩；平整废弃稻田 7200 亩；湿地水系疏通、干渠支渠加高及残堤清理 62.93km，清理土方 75.23 万 m³。2017 年，实施滩涂植被恢复及退化湿地修复 1340 亩；辽河左岸苇田总干清淤 11.3km，土方量约为 96800m³；修建了控水闸门 6 座；对 1400m 废弃格堤进行平整，土方量 8400m³；清除油田废弃水泥杆 70 根，清除废弃进站路 2 条，长度合计 2km，清理土石方 12000m³。2018 年，滨海湿地植被恢复项目资金 500 万元；东郭苇场废弃塘铺、垛场湿地恢复、湿地土方平整项目资金 160 万元，拆除塘埔 682 间 16368m²，拆除道路 5876m，拆除旅游客服中心及附属设施 40000m²，修复湿地面积 75000m²；湿地生态恢复工程资金 362.5 万元。

3. 湿地保护、湿地渠系改造清淤和扩大水域工程

湿地保护、湿地渠系改造清淤和扩大水域工程共涉及资金 2797.81 万元。2014 年，清理土方 38.63 万 m³，扩大水域面积 240 亩；湿地渠系清扩 18km、储水环沟 50km、新建防潮堤 2km、土地平整 85 亩；建成 53 座水闸、27 座涵、33 座爬道涵。2015 年，实施鹤类栖息地优化工程，建设人工岛 2 座；实施雁鸭类栖息地恢复工程，清理土方 21500m³；巡护站维修（新建丹顶鹤育雏笼舍，巡护站屋顶维修，墙体改造，供电、供水、供暖改造）；重要物种黑嘴鸥栖息地管理工程，疏通水系 25500 万 m³；黑嘴鸥繁殖地修建防潮水阻波槽 1 处、人工管理植被 3762 亩；铺设进站路 3400m²；黑嘴鸥大凌河繁殖地提防整修护坡 450m。2017 年，修建"三千七"黑嘴鸥繁殖地堤坝 2336m；对"五千四"堤坝进行加固，动用土方 40000m³；实施南小河泵站护砌修整及入水口清淤；维修破损丹顶鹤笼舍 2 处；实施赵圈河巡护站屋顶、救护笼舍维修改造；改造东郭巡护站围栏 800m，新建管理站大门 1 座；建设湿地生态效益补偿成果展示牌和保护宣传牌、警示牌和提示牌等共 185 块。2018 年，投资 577.5 万元，项目包括制作完成鸟类标本 30 个；湿

地入口处整理；界碑、界桩、湿地保护宣传牌建设；黑嘴鸥繁殖地植被恢复、丹顶鹤驯放场地铺垫、种鹤笼舍维修、物种栖息地修复等。

4. 湿地生态补水

湿地生态补水共涉及资金 1375 万元。开展东郭苇场、赵圈河苇场、鹤类繁育基地和赵圈河管理站补水面积总计 27.37 万亩，总补水量 2.1442 亿 m³，有效缓解了湿地缺水问题。

5. 湿地周边环境整治

湿地周边环境整治共涉及资金 629.7 万元。2014 年，建设欢喜岭雨污净化工程 1 处；购置垃圾箱及垃圾收集池 407 个；修建氧化塘面积 47173m²；边沟治理67.5km；新建湿地文化宣传展板 9 处；改造道路 2.4km。2017 年，对保护区内江南村、育新村、园林村、宴屯、朝鲜族村和尹屯 6 个村屯进行环境综合整治。

二、基于本书的生态补偿机制构建

1. 生态补偿主客体

如表 8-47 所示，本书中将各级政府、世界自然基金、湿地周边企业和居民等列为生态补偿的主体。在辽河口湿地生态补偿试点项目中，中央政府、辽宁省政府和辽河口油田是辽河口湿地的生态补偿主体，提供了生态补偿资金。但仍有部分未纳入生态补偿主体当中，辽宁振兴集团生态造纸有限公司利用芦苇造纸，应该支付一定的生态补偿金。盘锦稻海泛金米业有限公司在赵圈河附近种植大面积的水稻田，可能会对湿地造成潜在的非点源污染压力，应该支付生态补偿金。因此，需要拓宽补偿主体的范围，使生态补偿资金的来源更加充足，保障生态补偿的效果。

表 8-47　生态补偿主客体对比

项目	本书	辽河口
生态补偿主体	①中央政府 ②辽宁省政府 ③盘锦市政府 ④世界自然基金 ⑤辽河口湿地自然保护区景区（最美湿地景区、红海滩景区） ⑥辽河油田 ⑦湿地周边其他企业 ⑧当地居民	①中央政府 ②辽宁省政府 ③辽河油田
生态补偿客体	①农民 ②大洼区政府、辽河口生态经济区政府	①农民

补偿客体主要针对遭受损失的农民，还应该将地区政府因保护湿地导致经济发展受阻的情况考虑进来，提高地方湿地保护的积极性。

2. 生态补偿标准

如表 8-48 所示，在支付意愿方面，辽河口湿地只有辽河油田有支付意愿。根据调查，2011～2018 年辽河油田与盘锦市林业和湿地保护管理局通过协商，每年支付生态补偿款 300 万元。2018 年辽河口湿地保护区和盘锦市湿地主管部门听取了本书关于东北地区湿地生态系统服务功能价值的研究成果，并初步核算了辽河油田生产建设导致湿地生态系统服务功能价值的损失达 9467 万元。按照"谁开发谁保护，谁受益谁补偿"的生态补偿原则，辽河油田需要对损失的价值进行补偿。但生态系统服务价值与经济社会发展水平有紧密的关系，生态系统服务价值是动态发展的，伴随经济社会水平的不断提高，生态系统服务价值逐渐被人们认识、理解和重视，社会对生态环境保护和建设的支付意愿也逐渐提高。因此，通过表征社会发展趋势的皮尔曲线和表征社会发展阶段的恩格尔系数，确定社会对湿地生态补偿的支付意愿。经计算，辽宁省的支付意愿系数为 0.5702。因此，计算得辽河油田的生态补偿支付金额为 5398 万元/年。基于此成果，辽河口湿地保护区和盘锦市湿地主管部门与辽河油田进行了协商，将 2019 年的生态补偿金额提升至 1500 万元，极大地支持了辽河口湿地的生态补偿项目和湿地的恢复及修复。

在受偿意愿方面，当前生态补偿主要针对鸟类猎食，但对湿地内存在的耕地退耕和减少或禁止湿地周边使用化肥的情况未进行补偿。此外，保护区域 1km 范围内的补偿，不能完全覆盖鸟类猎食范围，需要对补偿对象进行更准确的识别，这需要在后续开展对鸟类活动范围的监测。

表 8-48 生态补偿标准对比

	项目	本书	辽河口
支付意愿	居民支付意愿	76元/人	未补偿
	景区支付意愿	景区主要利用湿地的景观价值，对湿地的破坏相对较小。此部分的补偿标准通过协商确定	未补偿
	其他企业支付意愿	通过协商确定生态补偿金额	未补偿
	辽河油田	根据生态系统服务功能价值和恩格尔系数（0.5072）计算，补偿标准按照湿地单位面积的生态系统服务功能价值15.16元/m²计算，按照2015年辽河油田占用湿地面积计算，补偿金额为5398万元/年	补偿金额通过协商确定。2011～2018年每年补偿300万元，2019年补偿金额增加到1500万元

续表

项目		本书	辽河口
受偿 意愿	居民受偿意愿	① 退耕还湿补偿标准：6000元/hm² ② 鸟类猎食补偿标准：1000元/hm² ③ 不使用化肥、农药的补偿标准：3000元/hm²	① 保护区内鸟类猎食补偿：1500元/hm² ② 保护区1km范围内的鸟类猎食补偿：975元/hm²
湿地保 护补偿	湿地保护和修 复补偿	以1985年到2015年保护区因天然湿地面积损失造成的生态系统服务功能价值损失和恩格尔系数（0.5072）计算生态补偿上限，补偿标准按照15.16元/m²计算，补偿金额为24.35亿元	2014~2018年用于湿地生态修复和湿地保护的补偿金为0.28亿元/年

3. 生态补偿方式

从调查和辽河口湿地保护区实际实施的生态补偿项目看，以现金直接拨付的方式进行生态补偿是受访者比较倾向的补偿方式（表8-49）。

表 8-49　生态补偿方式对比

补偿方式	本书	辽河口
现金补偿	91%的受访者选择现金的补偿方式，且更倾向于选择直接拨付到个人银行卡账户	以"一卡通"形式直接拨付
非现金补偿	9%受访者选择非现金方式，在非现金补偿方式中，土地补偿、优惠政策、安排就业或提供就业指导和基础设施建设各出现2次	无

4. 生态效益

前期研究成果表明，生物栖息地是湿地最重要的生态系统服务功能。因此，用生物栖息地价值评价生态补偿的生态效益。生物栖息地价值以湿地鸟类种数计算。根据能值方法，以2015年辽河湿地数据为基准，每种鸟类的货币价值为1826万元。自2014年湿地生态补偿试点项目开展以来，中央及辽河油田投入生态补偿资金共计1.2亿元，根据辽河口湿地鸟类监测报告，观测到的鸟类种数由80种增加至105种，生态效益为4.57亿元。即每投入1亿元的湿地生态补偿金，可获得生态效益为3.8亿元的生态系统服务价值。考虑到湿地还有许多其他重要功能，能获得的生态效益要更高。

基于此结果，可以预估2019年中央财政和辽河油田分别投入的2000万元和1500万元生态补偿资金能够增加的生态系统服务功能价值可达1.33亿元。辽河油田提高生态补偿资金每年能够多增加的生态系统服务功能价值可达0.46亿元。因此，拓宽生态补偿的主体，让更多企业和基金等加入生态补偿中来，能够很好地提高生态补偿的效果，加速湿地的恢复和修复，达到良好的生态补偿效果。

第六节　本　章　小　结

2014 年、2015 年、2017 年、2018 年，国家林草局、财政部将辽河口保护区作为湿地生态效益补偿试点，共安排试点资金 10500 万元。辽河油田也与辽河口湿地保护区协商，作为生态补偿的主体，支付了生态补偿金。在此基础上，辽河口湿地保护区开展了耕地补偿，湿地生态修复，湿地渠系改造清淤和扩大水域工程、湿地生态补水、湿地周边环境整治和湿地保护等工程，项目的实施提高了湿地周边群众对湿地保护的积极性和参与意识，使湿地周边群众享受到因保护湿地得到的益处，为切实推动湿地保护的健康发展起到了重要作用；湿地生态补水和湿地保护、湿地渠系改造清淤和扩大水域工程的实施，使湿地退化和岛屿化趋势得到一定的减缓，湿地环境和湿地生物多样性得到恢复；重要物种栖息地恢复，黑嘴鸥繁殖地泵站、控水闸门和繁殖地植被管理，使黑嘴鸥繁殖地的繁殖适宜性得到明显改善，对黑嘴鸥种群的繁殖和保护有着重要意义。

但当前实施的生态补偿仍存在一些问题需要改进。

（1）需要更准确地识别生态补偿客体。

耕地补偿保护区 1km 外的农田，并未涵盖可能受到鸟类损害的耕地，补偿范围外的耕地受害可能更为严重；补偿内容并未将湿地内的水域和养殖池塘纳入其中，作为鸟类尤其是水鸟取食的区域，也应纳入补偿范围。

（2）拓宽生态补偿主体的范围，保证资金来源。

湿地生态补偿是一项需要长期投入的项目，当前生态补偿资金来源主要为国家投入，需要找到更多的生态补偿资金支持，保证生态补偿项目的长久运行。湿地周边的企业和世界自然基金是潜在的生态补偿资金来源，需要在下一步的工作中协商和争取资金。

生态补偿方式基本以现金形式发放，比较单一。需要探索更多的方式，增强生态补偿的可持续性。比如，对于耕地补偿，可以倡导以增加就业机会的方式替代每年的现金补偿；对于地区发展，可以考虑以优惠政策的方式促进地区经济发展；对于湿地保护和修复的投入，探索更多的资金来源支持，改善由国家单一投入的现状。

附录 A　缩　写　表

缩写	解释	缩写	解释
R	可更新资源投入	Y	湿地生态系统直接经济产出
N	不可更新资源投入	EYR	能值产出率，EYR=W/F
F	外部资源投入	ELR	环境负载率，ELR=$(N+F)/R$
W	生态系统总投入资源	ESI	能值可持续发展指标，ESI=EYR/ELR
Y	生态系统直接经济产出	ESV	生态系统服务价值
UEV	能值转换率	ESV_{pr}	湿地生态系统供给服务价值
GDP	东北地区国内生产总值	ESV_{re}	湿地生态系统调节服务价值
S	湿地生态系统面积	ESV_{cu}	湿地生态系统文化服务价值
A	天然湿地面积	ESV_{su}	湿地生态系统支持服务价值
P	东北地区总人口数量	ESV_{to}	湿地生态系统总服务价值
U	东北地区非农业人口数量		

附录 B　能值计算过程

B.1　生态系统可持续发展能值计算

1. 可更新资源投入

1）太阳能能值=研究区面积×平均辐射强度×（1-反照率）×卡诺效率×UEV

研究区面积=（　）m^2

年辐射强度=（　）$MJ/(m^2 \cdot a)$（国家气象科学数据中心）

反照率=30%（Brown and Ulgiati，2016b）

卡诺效率=0.93（Brown and Ulgiati，2016b）

UEV=1 sej/J（Odum，1996）

2）风能能值=0.5×研究区面积×空气密度×陆地阻力系数
　　　　　×吸收风速^3×（3.15×10^7s/a）×UEV

研究区面积=（　）m^2

空气密度=1.23kg/m^3

陆地阻力系数=1.64×10^{-3}（Garratt，1992）

吸收风速按照如下公式计算：

$$V = V_{ref} \left(\frac{H}{H_{ref}} \right)^{\alpha}$$

式中，V 为吸收风速，m/s；V_{ref} 为地表风速，m/s；α 为地表粗糙系数=0.25；H 为垂直高度，H=1000m（Brown and Ulgiati，2016b）；H_{ref} 为参考高度，H_{ref}=10m（Brown and Ulgiati，2016b）；时间系数=3.15×10^7s/a；UEV=(8.00×10^2)sej/J（Brown and Ulgiati，2016b）。

3）雨水化学能能值=研究区面积×降水量×雨水密度×蒸腾系数
　　　　　　　×吉布斯自由能×UEV

研究区面积=（　）m^2

降水量=（　）m/a

雨水密度=1000kg/m^3

蒸腾系数=75%

吉布斯自由能= 4720 J/kg

UEV=$7.00×10^3$sej/J（Brown and Ulgiati，2016b）

4）径流重力势能能值=研究区面积×降水量×径流率×雨水密度
×平均高程×重力加速度×UEV

研究区面积=（　　）m^2

降水量=（　　）m/a

雨水密度=1000 kg/m^3

径流率=25%

平均高程= 464m

重力加速度= 9.8m/s^2

UEV=$1.28×10^4$sej/J（Brown and Ulgiati，2016b）

5）径流化学能能值=研究区面积×降水量×径流率×雨水密度
×吉布斯自由能×UEV

研究区面积=（　　）m^2

降水量=（　　）m/a

雨水密度=1000 kg/m^3

径流率=25%

吉布斯自由能= 4720J/kg

UEV=$2.13×10^4$sej/J（Brown and Ulgiati，2016b）

6）地热能能值=研究区面积×热通量×卡诺效率×UEV

研究区面积=（　　）m^2

热通量=$6.25×10^{-2}$J/(m^2·s)

卡诺效率=9.5%（Brown and Ulgiati，2016b）

UEV=$4.90×10^3$sej/J（Brown and Ulgiati，2016b）

7）海浪能能值=海岸线长度×1/8×水的密度×重力加速度
×浪高^2×海浪速度×$3.15×10^7$s/a×UEV

海岸线长度= 2290km（方国智，2009）

水的密度=1000kg/m^3

重力加速度= 9.8m/s^2

浪高=0.5m（估算）

海浪速度=5.42m/s（Brown and Ulgiati，2016b）

UEV=4200sej/J（Brown and Ulgiati，2016b）

2. 不可更新资源投入

1) 沉积物能值=河流湿地面积×泥炭能量×UEV

河流湿地面积=（　）m²

泥炭能量=$3.69×10^7$J/m²（Zuo et al.，2004）

UEV=$3.51×10^3$sej/J（Zuo et al.，2004）

2) 流入水资源能值=流入研究区的水资源量×水的密度×吉布斯自由能×UEV

流入研究区的水资源量=（　）m³

水的密度=1000kg/m³

吉布斯自由能= 4720J/kg

UEV=$4.80×10^4$sej/J（蓝盛芳等，2002）

3) 水土流失能值=水土流失面积×土壤侵蚀模数×有机质含量
　　　　　　　　　×有机质标准热×能量转换系数×UEV

水土流失面积=（　）m²

土壤侵蚀模数=1000t/(km²·a)（其他土地利用类型）

土壤侵蚀模数=200t/(km²·a)（旱田、林地、草地和城镇居住及建设用地）

有机质含量=3.5%（Campbell and Brown，2012）

有机质标准热=5.4kcal/g

能量转换系数= 4186J/kcal

UEV=$1.18×10^4$sej/J（Campbell and Brown，2012）

3. 外部资源投入

1) 农业劳动力投入能值=劳动力人数×每日工作时长×每年工作天数
　　　　　　　　　　　×每小时消耗热量×能量转换系数×UEV

劳动力人数=（　）人

每日工作时长=8h

每年工作天数=200 天

每小时消耗热量=125kcal

能量转换系数=4186J/kcal

UEV= $6.38×10^5$sej/J（Lan et al.，1998）

2) 芦苇产业劳动力投入能值=日工资×芦苇产量×人工收割效率×日工资
　　　　　　　　　　　　　×芦苇产量×机械收割效率×UEV

日工资=（　）元/天

芦苇产量=（　）t

人工收割效率=0.5t/天（李丹，2013）

机械收割效率=50t/天（陆军等，2009）

UEV（1980）= 1.28×10^{13} sej/元（Lou and Ulgiati，2013）

UEV（1995）= 1.54×10^{12} sej/元（Lou and Ulgiati，2013）

UEV（2000）= 1.19×10^{12} sej/元（Lou and Ulgiati，2013）

UEV（2005）= 6.05×10^{11} sej/元（http://www.emergy-nead.com/home/news1）

UEV（2010）= 5.77×10^{11} sej/元（http://www.emergy-nead.com/home/news1）

UEV（2014）= 5.75×10^{11} sej/元（http://www.emergy-nead.com/home/news1）

注1：由于数据库尚未更新 2015 年的 UEV，因此采用 2014 年的 UEV 代替。

注2：为简化计算，2000 年之前按照全部为人工收割芦苇计算，2000 年之后按照全部为机械收割计算。

3）农业种子投入能值=播种面积×单位面积种子能量×UEV

播种面积=（　　）m^2

单位面积种子能量=2.03×10^5 J/(m²·a)（Liu et al.，2019）

UEV=3.36×10^5 sej/J（Lan et al.，1998b）

4）水产业鱼苗投入能值=水产品产量×单位产量所需鱼苗×UEV

水产品产量=（　　）g

单位产量所需鱼苗（网箱养殖）= 3.62×10^3 J/g（Zhang et al.，2011）

单位产量所需鱼苗（集中养殖）= 5.42×10^3 J/g（Zhang et al.，2011）

UEV=5.60×10^5 sej/J（Brown，2001）

5）水产业饵料投入能值=水产品产量×单位产量所需饵料×UEV

水产品产量=（　　）g

单位产量所需饵料= 3.77×10^4 g/g（Zhang et al.，2011）

UEV=1.31×10^5 sej/J（Brown，2001）

6）水产业网箱投入能值=水产品产量×单位产量所需网箱×UEV

水产品产量=（　　）g

单位产量所需网箱= 6.56×10^{-2} g/g（Zhang et al.，2011）

UEV=6.38×10^9 sej/g（Buranakarn，1998）

7）水产业竹竿投入能值=水产品产量×单位产量所需竹竿×UEV

水产品产量=（　　）g

单位产量所需竹竿=0.15g/g（Zhang et al.，2011）

UEV=6.45×10^{-9} sej/g（Zhang et al.，2011）

8）机械投入能值

 =（大中型机械平均质量×大中型机械数量/大中型机械平均使用寿命

  +小型机械平均质量×小型机械数量/小型机械平均使用寿命

  +灌排电机平均质量×灌排电机数量/小型机械平均使用寿命

  +灌排柴油机械平均质量×灌排柴油机械数量/小型机械平均使用寿命

  +联合收割机平均质量×联合收割机数量/大中型机械平均使用寿命

  +脱粒机平均质量×脱粒机数量/小型机械平均使用寿命

  +农用水泵平均质量×农用水泵数量/小型机械平均使用寿命

  +水产业产量×水产业单位产量机械投入成本

  +芦苇产业产量机械投入成本）×UEV

大中型机械平均质量=1210kg（Liu et al.，2019）

小型机械平均质量=460kg（Liu et al.，2019）

灌排电机平均质量=30kg（Liu et al.，2019）

灌排柴油机平均质量=180kg（Liu et al.，2019）

脱粒机平均质量=180kg（Liu et al.，2019）

农用水泵平均质量=30kg（Liu et al.，2019）

水产业单位产量机械投入成本=$5.59×10^{-3}$g/g（Zhang et al.，2011）

芦苇产业产量机械投入成本=$1.28×10^{13}$sej/t（本书）

大中型机械平均使用寿命=15 年

小型机械平均使用寿命=10 年

UEV=$7.76×10^{9}$sej/g（Campbell et al.，2005）

9）燃料投入能值=（单位粮食产量所需燃料×单位燃料所含能量×粮食产量

     +水产品产量×单位水产品产量所需燃料）×UEV

粮食产量=（　　）g

水产品产量=（　　）g

单位粮食产量所需燃料=（　　）g/g

单位燃料所含能量=$5.15×10^{7}$J/kg（Liu et al.，2019）

单位水产品产量所需燃料（集中养殖）=$1.07×10^{3}$J/g（Zhang et al.，2011）

单位水产品产量所需燃料（网箱养殖）=$5.68×10^{2}$J/g（Zhang et al.，2011）

UEV=$1.11×10^{5}$sej/J（Odum，1996）

10）化肥和农药投入能值=单位面积化肥或农药投入×耕地面积×UEV

耕地面积=（　　）m^{2}

单位面积化肥或农药投入=（　　）g/m^2（通过土地利用数据和统计年鉴计算）

UEV（氮肥）=6.38×10^{9}sej/g（Odum，1996）

UEV（磷肥）=6.55×10^{9}sej/g（Odum，1996）

UEV（钾肥）=1.85×10^{9}sej/g（Odum，1996）

UEV（复合肥）=4.70×10^{9}sej/g（Odum，1996）

UEV（农药）=1.48×10^{10}sej/g（Odum，1996）

11）湿地保护投入能值=（全国天然湿地投入/全国天然湿地面积）/投资期限× 研究区天然湿地面积×UEV

全国天然湿地投入=（　　）元

投资期限=（　　）年

全国天然湿地面积=（　　）m^2

研究区天然湿地面积=（　　）m^2

UEV（1980）= 1.28×10^{13}sej/元（Lou and Ulgiati，2013）

UEV（1995）= 1.54×10^{12}sej/元（Lou and Ulgiati，2013）

UEV（2000）= 1.19×10^{12}sej/元（Lou and Ulgiati，2013）

UEV（2005）= 6.05×10^{11}sej/元（http://www.emergy-nead.com/home/news1）

UEV（2010）= 5.77×10^{11}sej/元（http://www.emergy-nead.com/home/news1）

UEV（2014）= 5.75×10^{11}sej/元（http://www.emergy-nead.com/home/news1）

注：由于数据库尚未更新 2015 年的 UEV，因此采用 2014 年的 UEV 代替。

B.2　生态系统服务价值能值计算

1. 供给服务价值

1）粮食产出服务价值=粮食产量×粮食的标准热量×转换系数×UEV

粮食产量=（　　）g/a

粮食的标准热量=1.73kcal/g（此处计算的为玉米、水稻和小麦的平均值）

转换系数=4186J/kcal

UEV=5.56×10^{5}sej/J（朱玉林，2010）

2）水产品产出价值=水产品产量×干重比例×鱼类的标准热量× 转换系数×UEV

水产品产量=（　　）g/a（包括自然捕捞和人工养殖）

干重比例=0.2

鱼类的标准热量=5kcal/g

转换系数=4186J/kcal

UEV=$2.10×10^6$sej/J（Campbell and Brown，2012）

3）芦苇产出价值=芦苇产量×植物的标准热量×转换系数×UEV

芦苇产量=（　　）g/a

植物的标准热量=4kcal/g

转换系数=4186J/kcal

UEV=$4.70×10^3$sej/J（Qin et al.，2000）

4）水资源供给服务价值=水资源供给量×水的密度×吉布斯自由能×UEV

水资源供给量=（　　）m^3/a

水的密度=1000kg/m^3

吉布斯自由能=$4.72×10^3$J/kg

UEV=$4.58×10^3$sej/J（Mark and Sergio，2018）

2. 调节服务价值

1）蓄水调洪服务价值=拦蓄水量×水的密度×吉布斯自由能×UEV

拦蓄水量=（　　）m^3/a

　　　　=（湖泊面积+库塘面积）×湖库拦蓄能力+沼泽湿地面积

　　　　　×沼泽土壤蓄水能力+沼泽湿地面积×沼泽滞水深度

湖库拦蓄能力= 55000m^3/hm^2（赵同谦等，2003）

沼泽土壤蓄水能力= 8100m^3/hm^2（张天华等，2005）

沼泽滞水深度=1 m（赵同谦等，2003）

水的密度=1000kg/m^3

吉布斯自由能=$4.72×10^3$J/kg

UEV=$4.80×10^4$sej/J（蓝盛芳等，2002）

2）大气调节服务价值

（1）吸收 CO_2 价值=植被面积×NPP/转换系数×UEV

植被面积=（　　）m^2

NPP=（　　）g C/m^2

NPP 和干物质量的转换系数= 0.475g C/g（朱文泉等，2007）

UEV=$3.78×10^7$sej/g（孙洁斐，2008）

（2）释放 O_2 价值=植被面积×NPP/转换系数×UEV

植被面积=（　　）m^2

NPP=（ ）g C/m^2

NPP 和干物质量的转换系数= 0.475g C/g（朱文泉等，2007）

UEV=5.11×10^{7}sej/g（孙洁斐，2008）

沼泽湿地 NPP=645.5g C/m^2（毛德华，2014）

林地 NPP=521.9g C/m^2（穆少杰等，2013）

草地 NPP=270.3g C/m^2（穆少杰等，2013）

耕地 NPP=582.9g C/m^2（穆少杰等，2013）

3）净化污染物价值

（1）去除 N 价值=湿地面积×N 去除率×UEV

湿地面积=（ ）m^2

沼泽湿地的 N 去除率= 4.09×10^{7}g/(km^2·a)（姜翠玲等，2005）（参考估算）

湖库的 N 去除率=3.98×10^{6}g/(km^2·a)（赵同谦等，2003）

UEV= 4.60×10^{9}sej/g（Li et al.，2018）

（2）去除 P 价值=湿地面积×P 去除率×UEV

湿地面积=（ ）m^2

沼泽湿地的 P 去除率= 5.18×10^{6}g/(km^2·a)（姜翠玲等，2005）（参考估算）

湖库的 P 去除率=1.86×10^{6}g/(km^2·a)（赵同谦等，2003）

UEV= 1.78×10^{10}sej/g（Li et al.，2018）

4）地下水补给服务价值=地下水补给量×UEV

地下水补给量 $= \sum R_a \times S_i \times \rho \times k_i$

式中，R_a 代表降水量，单位 m/a；S_i 代表不同土地利用类型的面积，单位 m^2；ρ 代表水的密度= 1000kg/m^3；k_i 代表不同土地利用类型的渗透系数（刘晓霞，2007；Yang et al.，2018）。

湿地（含水田和库塘）的渗透系数= 0.12

非湿地的渗透系数= 0.05

UEV= 2.23×10^{5}sej/g（Mark and Sergio，2018）

3. 文化服务价值

旅游价值=研究区旅游收入×UEV

研究区旅游收入以下面的公式计算：

$$M = M_a \times \frac{\sum S_i}{S_a} \times r$$

式中，M 代表研究区旅游收入，单位为元；M_a 代表东北地区旅游总收入，单位为元；S_a 代表不同土地利用类型的面积，单位为 m^2；S_i 代表东北地区总天然湿地、森林和草地的面积，单位为 m^2；r 代表天然湿地、森林和草地获取的旅游收入在总旅游收入中所占的比例，$r= 52.5\%$（国家旅游局公布 2000 年入境旅游者抽样调查综合分析报告）。

UEV（1980）$= 1.28×10^{13}$sej/元（Lou and Ulgiati，2013）

UEV（1995）$= 1.54×10^{12}$sej/元（Lou and Ulgiati，2013）

UEV（2000）$= 1.19×10^{12}$sej/元（Lou and Ulgiati，2013）

UEV（2005）$= 6.05×10^{11}$sej/元（http://www.emergy-nead.com/home/news1）

UEV（2010）$= 5.77×10^{11}$sej/元（http://www.emergy-nead.com/home/news1）

UEV（2014）$= 5.75×10^{11}$sej/元（http://www.emergy-nead.com/home/news1）

注：由于数据库尚未更新 2015 年的 UEV，因此采用 2014 年的 UEV 代替。

4. 支持服务价值

1）初级生产力价值=植被面积×NPP/NPP 转换系数

　　　　　　　　　×植物标准热量×转换系数×UEV

植被面积=（　　）m^2

NPP=（　　）$g\ C/m^2$

NPP 转换系数= 0.475g C/g

植物标准热量=4kcal/g

转换系数= 4186J/kcal

UEV= 4700sej/J（Qin et al.，2000）

2）生物栖息地价值=生物种数×UEV×湿地面积/全球湿地面积

生命诞生和进化经历了数十亿年的演变，形成了不同的物种并在基因信息当中积累了大量的能值。根据能值理论和学者研究，地球上 $1.5×10^{10}$ 个生物种经过 $2.0×10^{10}$ 年完成了到目前的进化，基于此背景计算得到的物种能值转换率 UEV=$1.26×10^{25}$sej/种（Odum，1996）。结合本书的实际情况，由于早期数据的缺乏，本书收集整理了 12 个湿地保护区的数据，以此计算的平均值作为东北地区湿地生态系统的生物栖息地平均价值，数据来源见表 B-1。

全球湿地面积=$5.10×10^8$km^2。

表 B-1　东北地区湿地保护区情况

序号	保护区名称	行政区	保护区级别	核心区+缓冲区面积/km²	物种数量
1	三江国家级自然保护区	黑龙江	国家级/国际	940.14	422
2	黑龙江多布库尔国家级自然保护区	黑龙江	国家级	806.65	326
3	黑龙江讷谟尔河湿地省级自然保护区	黑龙江	省级	413.08	305
4	吉林莫莫格国家级自然保护区	吉林	国际级/国际	1075.40	385
5	吉林龙湾国家级自然保护区	吉林	国家级	106.94	279
6	吉林九台湿地省级自然保护区	吉林	省级	76.64	200
7	辽宁辽河口国家级自然保护区	辽宁	国家级/国际	644.85	494
8	辽宁鸭绿江口滨海湿地国家级自然保护区	辽宁	国家级	856.99	232
9	卧龙湖省级自然保护区	辽宁	省级	75.80	188
10	呼伦湖国家级自然保护区	内蒙古	国家级/国际	1146.02	373
11	毕拉河国家级自然保护区	内蒙古	国家级	432.98	321
12	荷叶花湿地水禽自然保护区	内蒙古	省级	238.88	220

数据来源为各保护区调查数据及相关学者研究（王永吉和梁金花，2014；孙宝娣，2017；孙利，2016）

附录 C 东北研究区能值分析原始数据

序号	项目	单位	1980 年	1990 年	1995 年	2000 年	2005 年	2010 年	2015 年
1	太阳辐射	MJ/(m²·a)	4485.67	4727.99	4939.41	4916.22	4724.44	4822.87	4938.92
2	降水量	M	0.51	0.63	0.58	0.46	0.58	0.68	0.54
3	风速	m/s	3.16	2.78	2.71	2.54	2.54	2.45	2.59
4	热流值	J/(m²·s)	0.0625	0.0625	0.0625	0.0625	0.0625	0.0625	0.0625
5	海岸线长度	km	2290	2290	2290	2290	2290	2290	2290
6	劳动力（农业）	J	$7.05×10^{14}$	$7.86×10^{14}$	$9.37×10^{14}$	$1.24×10^{15}$	$1.32×10^{15}$	$1.36×10^{15}$	$1.42×10^{15}$
7	粮食产量	万 t	235.48	422.54	495.29	469.16	740.41	922.66	1214.93
8	粮食产值	亿元	11.43	34.42	89.85	103.22	164.97	302.77	584.15
9	种苗投入（农业）	J	$4.37×10^{15}$	$4.47×10^{15}$	$5.52×10^{15}$	$5.98×10^{15}$	$6.24×10^{15}$	$6.33×10^{15}$	$6.65×10^{15}$
10	氮肥施用量（农业）	万 t	10.42	12.36	16.84	17.59	17.54	19.91	21.23
11	磷肥施用量（农业）	万 t	2.49	2.69	3.86	4.00	4.62	5.67	6.36
12	钾肥施用量（农业）	万 t	0.31	0.38	1.15	2.35	3.21	4.65	5.65
13	复合肥施用量（农业）	万 t	2.57	3.02	5.23	6.58	10.48	15.08	21.53
14	农药施用量（农业）	万 t	0.17	0.23	0.35	0.56	0.97	1.51	1.77
15	机械投入量（农业）	万 t	0.35	0.48	0.63	0.93	1.64	2.15	2.92
16	燃料投入量（农业）	J	$3.39×10^{15}$	$6.13×10^{15}$	$6.36×10^{15}$	$8.00×10^{15}$	$1.04×10^{16}$	$1.35×10^{16}$	$1.59×10^{16}$
17	劳动力（水产业）	J	$2.21×10^{13}$	$1.22×10^{14}$	$2.58×10^{14}$	$4.05×10^{14}$	$4.11×10^{14}$	$4.79×10^{14}$	$5.86×10^{14}$
18	淡水捕捞产量	万 t	2.20	8.60	12.47	17.84	12.39	12.89	13.93
19	养殖渔业产量	万 t	1.65	2.41	21.27	38.42	55.14	68.64	89.06
20	水产业产值	亿元	0.31	3.44	12.28	13.86	21.77	43.64	75.28
21	机械投入量（水产业）	万 t	0.001	0.008	0.061	0.110	0.156	0.194	0.252

续表

序号	项目	单位	1980 年	1990 年	1995 年	2000 年	2005 年	2010 年	2015 年
22	燃料投入量（水产业）	J	2.27×10^{13}	1.31×10^{14}	3.35×10^{14}	5.45×10^{14}	6.11×10^{14}	7.29×10^{14}	9.09×10^{14}
23	鱼苗投入	J	6.96×10^{12}	1.07×10^{14}	9.43×10^{14}	1.70×10^{15}	2.44×10^{15}	3.04×10^{15}	3.95×10^{15}
24	饵料投入	J	2.96×10^{13}	4.54×10^{14}	4.01×10^{15}	7.25×10^{15}	1.04×10^{16}	1.30×10^{16}	1.68×10^{16}
25	劳动力（芦苇）	元	3.94×10^{6}	6.97×10^{6}	1.64×10^{7}	1.09×10^{6}	2.17×10^{6}	4.38×10^{6}	6.67×10^{6}
26	机械投入（芦苇）	t				5.42×10^{5}	5.09×10^{5}	4.69×10^{5}	4.12×10^{5}
27	芦苇产量	万 t	47.54	42.2	44.5	54.2	50.9	46.9	41.2
28	旅游收入	亿元	0.59	1.70	28.87	54.74	155.25	533.96	938.06
29	总人口	万人	9855.38	10975.39	11429.99	11819.69	11904.20	11995.09	11949.61
30	非农业人口	万人	3547.63	4483.09	4919.89	5932.87	6239.26	6420.02	7870.59
31	湿地保护性投入	亿元	0.07	0.07	0.07	6.36	15.42	17.78	27.85
32	流入系统水资源	亿 m³	3.49	4.27	3.96	5.09	3.49	2.01	3.87

参 考 文 献

卞建民, 胡昱欣, 李育松, 等. 2014. 基于 BP 神经网络的辽河源头区水质评价研究[J]. 水土保持研究, 21(1): 147-151.

陈曦, 苏芳莉, 芦晓峰, 等. 2011. 基于模糊数学的双台河口湿地水质综合评价[J]. 节水灌溉, (5): 45-56.

崔瀚文, 姜琦刚, 程彬, 等. 2013. 东北地区湿地变化影响因素分析[J]. 应用基础与工程科学学报, 21(2): 214-223.

崔丽娟, 庞丙亮, 李伟, 等. 2016. 扎龙湿地生态系统服务价值评价[J]. 生态学报, 36(3): 828-836.

邓聚龙. 1987. 灰色预测模型 GM(1, 1)的三种性质——灰色预测控制的优化结构与优化信息量问题[J]. 华中工学院学报, (5): 1-6.

方国智. 2009. 基于 RS 和 GIS 的辽宁省海岸线百年变迁研究[D]. 北京: 中国地质大学(北京).

付意成. 2013. 流域治理修复型水生态补偿研究[D]. 北京: 中国水利水电科学研究院.

郭劲松. 2002. 基于人工神经网络(ANN)的水质评价与水质模拟研究[D]. 重庆: 重庆大学.

郭年冬, 李恒哲, 李超, 等. 2015. 基于生态系统服务价值的环京津地区生态补偿研究[J]. 中国生态农业学报, 23(11): 1473-1480.

郭荣中, 杨敏华. 2014. 长株潭地区生态系统服务价值分析及趋势预测[J]. 农业工程学报, 30(5): 238-246.

韩立亮. 2019. 呼伦贝尔草原湿地时空动态分布及生物地球化学特征研究[D]. 北京: 北京林业大学.

韩增林, 胡伟, 钟敬秋, 等. 2017. 基于能值分析的中国海洋生态经济可持续发展评价[J]. 生态学报, 37(8): 2563-2574.

黄甘霖, 姜亚琼, 刘志锋, 等. 2016. 人类福祉研究进展——基于可持续科学视角[J]. 生态学报, 36(23): 7519-7527.

贾军梅, 罗维, 杜婷婷, 等. 2015. 近十年太湖生态系统服务功能价值变化评估[J]. 生态学报, 35(7): 2255-2264.

姜翠玲, 范晓秋, 章亦兵. 2005. 非点源污染物在沟渠湿地中的累积和植物吸收净化[J]. 应用生态学报, 16(6): 1351-1354.

金艳. 2009. 多时空尺度的生态补偿量化研究[D]. 杭州: 浙江大学.

康婧, 孙永光, 李方, 等. 2017. 辽河口海域使用变化下的生态敏感性分析[J]. 中国环境科学, 37(12): 4722-4733.

蓝盛芳, 钦佩, 陆宏芳. 2002. 生态经济系统能值分析[M]. 北京: 化学工业出版社.

黎冰, 解启来, 廖天, 等. 2013. 扎龙湿地表层沉积物有机氯农药的污染特征及风险评价[J]. 农业环境科学学报, 32(2): 347-353.

李春发, 曹莹莹, 杨建超, 等. 2015. 基于能值及系统动力学的中新天津生态城可持续发展模式情景分析[J]. 应用生态学报, 26(8): 2455-2465.

李丹. 2013. 盘锦市芦苇机械化收割发展历程及今后发展思路[J]. 农业开发与装备, (4): 57.

李琳, 林慧龙, 高雅. 2016. 三江源草原生态系统生态服务价值的能值评价[J]. 草业学报, 25(6): 34-41.

李宁, 刘吉平, 王宗明. 2014. 2000~2010 年东北地区湖泊动态变化及驱动力分析[J]. 湖泊科学, 26(4): 545-551.

李伟业. 2007. 三江平原沼泽湿地生态承载力与可持续调控模式研究[D]. 哈尔滨: 东北农业大学.

刘晓霞. 2007. 基于地表水和地下水动态转化的水资源优化配置模型研究[D]. 北京: 中国水利水电科学研究院.

刘兴土. 2005. 东北湿地[M]. 北京: 科学出版社.

刘玉. 高秉博, 潘瑜春, 等. 2014. 基于 LMDI 模型的中国粮食产量变化及作物构成分解研究[J]. 自然资源学报, 29(10): 1709-1720.

刘兆宁, 王国栋, 方玉龙, 等. 2019. 三江平原洪河农场天然沼泽、退耕还湿地和农田表层土壤中 55 种元素的含量[J]. 湿地科学, 17(6): 713-717.

娄佩卿, 付波霖, 林星辰, 等. 2019. 基于 GEE 的 1998~2018 年京津冀土地利用变化对生态系统服务价值的影响[J]. 环境科学, 40(12): 5473-5483.

陆军, 李萍萍, 吴沿友, 等. 2009. 滨江湿地芦苇的能量获取与收获机械化[J]. 农机化研究, 31(5): 227-231.

罗西玲, 邢磊, 徐宾铎, 等. 2016. 辽河口芦苇湿地河蟹养殖区水体 N、P 营养盐和 COD 的变化[J]. 海洋湖沼通报, (3): 20-27.

马丽. 2016. 基于 LMDI 的中国工业污染排放变化影响因素分析[J]. 地理研究, 35(10): 1857-1868.

马贤磊, 唐亮, 孙萌丽. 2018. 城镇土地生态环境效应的影响因素研究: 基于 LMDI 分解模型[J]. 南京农业大学学报 (社会科学版), 18(2): 117-128, 161.

满卫东, 王宗明, 刘明月, 等. 2016. 1990~2013 年东北地区耕地时空变化遥感分析[J]. 农业工程学报, 32(7): 1-10.

毛德华. 2014. 定量评价人类活动对东北地区沼泽湿地植被 NPP 的影响[M]. 长春: 中国科学院东北地理与农业生态研究所.

毛德华, 王宗明, 罗玲, 等. 2016. 1990~2013 年中国东北地区湿地生态系统格局演变遥感监测分析[J]. 自然资源学报, 31(8): 1253-1263.

苗承玉. 2012. 基于景观格局的图们江流域湿地生态安全评价与预警研究[D]. 延吉: 延边大学.

穆少杰, 李建龙, 周伟, 等. 2013. 2001~2010 年内蒙古植被净初级生产力的时空格局及其与气候的关系[J]. 生态学报, 33(12): 3752-3764.

穆雪男. 2014. 天津滨海新区围填海演进过程与岸线、湿地变化关系研究[D]. 天津: 天津大学.

欧阳志云. 1999. 生态系统·服务功能·价值评价[J]. 科学新闻, (15): 4-5.

欧阳志云, 王如松. 2000. 生态系统服务功能、生态价值与可持续发展[J]. 世界科技研究与发展, 22(5): 45-50.

欧阳志云, 王效科, 苗鸿. 1999. 中国陆地生态系统服务功能及其生态经济价值的初步研究[J]. 生态学报, 19(5): 19-25.

彭俊铭, 吴仁海. 2012. 基于 LMDI 的珠三角能源碳足迹因素分解[J]. 中国人口·资源与环境, 22(2): 69-74.

齐拓野. 2014. 基于能值分析的黄土高原丘陵区退耕还林还草效益研究[D]. 银川: 宁夏大学.

钦佩, 黄玉山, 谭凤仪. 1999. 从能值分析的方法来看米埔自然保护区的生态功能[J]. 自然杂志, 21(2): 104-107.

施开放, 刁承泰, 孙秀锋, 等. 2013. 基于耕地生态足迹的重庆市耕地生态承载力供需平衡研究[J]. 生态学报, 33(6): 1872-1880.

史培军, 张淑英, 潘耀忠, 等. 2005. 生态资产与区域可持续发展[J]. 北京师范大学学报(社会科学版), (2): 131-137.

司红君, 张平究, 包先明, 等. 2014. 巢湖湿地生态系统能值分析[J]. 湿地科学与管理, 10(4): 51-56.

宋红丽, 牟晓杰, 刘兴土. 2019. 人为干扰活动对黄河三角洲滨海湿地典型植被生长的影响[J]. 生态环境学报, 28(12): 2307-2314.

孙宝娣. 2017. 基于尺度转换的辽宁省滨海湿地生态系统服务价值评估[D]. 北京: 中国林业科学研究院.

孙洁斐. 2008. 基于能值分析的武夷山自然保护区生态系统服务功能价值评估[D]. 福州: 福建农林大学.

孙利. 2016. 辽宁卧龙湖生态区可持续发展策略研究[D]. 长春: 吉林大学.

孙文. 2011. 哈尔滨不同公园湿地植物景观评价及构建对策研究[D]. 哈尔滨: 东北林业大学.

汤萃文, 杨莎莎, 刘丽娟, 等. 2012. 基于能值理论的东祁连山森林生态系统服务功能价值评价[J]. 生态学杂志, 31(2): 433-439.

万树文, 钦佩, 朱洪光, 等. 2000. 盐城自然保护区两种人工湿地模式评价[J]. 生态学报, 20(5): 759-765.

王娇, 胡丹, 李智勇. 2016. 辽宁省森林生态系统服务功能价值研究[J]. 中南林业科技大学学报, 36(9): 96-103.

王梦媛, 高小叶, 侯扶江. 2019. 黄土高原-青藏高原过渡带农户生产系统的能值分析——以通渭—渭源—夏河样带为例[J]. 生态学报, 39(5): 1758-1771.

王旭. 2010. 我国主要农业生态区粮食作物化肥增产效应与养分利用效率研究[D]. 保定: 河北农业大学.

王永吉, 梁金花. 2014. 九台湿地自然保护区的湿地资源及其保护对策[J]. 林业勘查设计, (3): 29-30.

王宗明, 宋开山, 刘殿伟, 等. 2009. 1954~2005 年三江平原沼泽湿地农田化过程研究[J]. 湿地科学, 7(3): 208-217.

吴霜, 延晓冬, 张丽娟. 2014. 中国森林生态系统能值与服务功能价值的关系[J]. 地理学报, 69(3): 334-342.

肖强, 肖洋, 欧阳志云, 等. 2014. 重庆市森林生态系统服务功能价值评估[J]. 生态学报, 34(1): 216-223.

谢高地, 鲁春霞, 肖玉, 等. 2003. 青藏高原高寒草地生态系统服务价值评估[J]. 山地学报, 21(1): 50-55.

谢高地, 张彩霞, 张昌顺, 等. 2015b. 中国生态系统服务的价值[J]. 资源科学, 37(9): 1740-1746.

谢高地, 张彩霞, 张雷明, 等. 2015a. 基于单位面积价值当量因子的生态系统服务价值化方法改进[J]. 自然资源学报, 30(8): 1243-1254.

谢高地, 甄霖, 鲁春霞, 等. 2008. 一个基于专家知识的生态系统服务价值化方法[J]. 自然资源学报, 23(5): 911-919.

熊凯. 2015. 基于生态系统服务功能和农户意愿的鄱阳湖湿地生态补偿标准研究[D]. 南昌: 江西财经大学.

徐大伟, 赵云峰, 侯铁珊, 等. 2015. 辽河流域生态价值评估中WTP与WTA差异性的实证分析[J]. 数理统计与管理, 34(1): 29-37.

徐浩田. 2017. 基于支持向量机的湿地遥感分类及生态系统健康评价研究[D]. 沈阳: 沈阳农业大学.

徐浩田, 周林飞, 成遣. 2017. 基于PSR模型的凌河口湿地生态系统健康评价与预警研究[J]. 生态学报, 37(24): 8264-8274.

徐军委. 2013. 基于LMDI的我国二氧化碳排放影响因素研究[D]. 北京: 中国矿业大学(北京).

徐俏, 何孟常, 杨志峰, 等. 2003. 广州市生态系统服务功能价值评估[J]. 北京师范大学学报(自然科学版), 39(2): 268-272.

许国晶, 李秀启, 客涵. 2013. 基于能值分析的黄河口滨海湿地生态价值评价[J]. 中国农学通报, 29(35): 211-217.

闫湘, 金继运, 梁鸣早. 2017. 我国主要粮食作物化肥增产效应与肥料利用效率[J]. 土壤, 49(6): 1067-1077.

严茂超, 李海涛, 程鸿, 等. 2001. 中国农林牧渔业主要产品的能值分析与评估[J]. 北京林业大学学报, 23(6): 66-69.

杨福霞, 郑欣. 价值感知视角下生态补偿方式对农户绿色生产行为的影响[J]. 中国人口·资源与环境, 2021, 31(4): 164-171.

杨青, 刘耕源. 2018. 森林生态系统服务价值非货币量核算: 以京津冀城市群为例[J]. 应用生态学报, 29(11): 3747-3759.

叶晗. 2014. 内蒙古牧区草原生态补偿机制研究[D]. 北京: 中国农业科学院.

于冰, 徐琳瑜. 2014. 城市水生态系统可持续发展评价——以大连市为例[J]. 资源科学, 36(12): 2578-2583.

臧正, 郑德凤, 孙才志, 等. 2014. 吉林西部自然保护区湿地生态效益及生态恢复评价[J]. 应用生态学报, 25(5): 1447-1454.

张陈俊, 章恒全, 陈其勇, 等. 2016. 中国用水量变化的影响因素分析——基于LMDI方法[J]. 资源科学, 38(7): 1308-1322.

张晋东, 李玉杰, 戴强, 等. 2010. 若尔盖湿地畜牧业对两栖类食性的影响[J]. 应用与环境生物学报, 16(5): 683-687.

张明娟, 王磊, 刘茂松, 等. 2013. 近30年来江苏省滨海淤长型湿地景观动态[J]. 生态学杂志, 32(3): 696-703.

张天华, 陈利顶, 普布丹巴, 等. 2005. 西藏拉萨拉鲁湿地生态系统服务功能价值估算[J]. 生态学报, 25(12): 3176-3180.

张彦虎. 2015. 新疆草地农业发展模式研究[D]. 石河子: 石河子大学.

章渊, 吴凤平. 2015. 基于LMDI方法我国工业废水排放分解因素效应考察[J]. 产业经济研究, (6): 99-110.

赵晟, 洪华生, 张珞平, 等. 2007. 中国红树林生态系统服务的能值价值[J]. 资源科学, 29(1): 147-154.

赵同谦, 欧阳志云, 王效科, 等. 2003. 中国陆地地表水生态系统服务功能及其生态经济价值评价[J]. 自然资源学报, 18(4): 443-452.

中国工程院"东北水资源"项目组. 2006. 东北地区有关水土资源配置生态与环境保护和可持续发展的若干战略问题研究[J]. 中国工程科学, (5): 1-24.

钟连秀, 路春燕, 王宗明, 等. 2019. 基于 GIS 与 RS 的漳江口红树林湿地生态系统健康评价[J]. 生态学杂志, 38(8): 2553-2563.

周晨, 丁晓辉, 李国平, 等. 2015. 南水北调中线工程水源区生态补偿标准研究——以生态系统服务价值为视角[J]. 资源科学, 37(4): 792-804.

周洁敏, 寇文正. 2009. 中国生态屏障格局分析与评价[J]. 南京林业大学学报(自然科学版), 33(5): 1-6.

朱红根, 康兰媛. 2016. 基于 WTA 的退耕还湿中农户受偿意愿及影响因素分析——来自鄱阳湖区实证调查[J]. 农业经济与管理, 6(3): 60-67.

朱卫红, 郭艳丽, 孙鹏, 等. 2012. 图们江下游湿地生态系统健康评价[J]. 生态学报, 32(21): 6609-6618.

朱文泉, 潘耀忠, 张锦水. 2007. 中国陆地植被净初级生产力遥感估算[J]. 植物生态学报, 31(3): 413-424.

朱玉林. 2010. 基于能值的湖南农业生态系统可持续发展研究[D]. 长沙: 中南林业科技大学.

Achour H, Belloumi M. 2016. Decomposing the influencing factors of energy consumption in Tunisian transportation sector using the LMDI method[J]. Transport Policy, 52: 64-71.

Ahmed Z, Zafar M W, Ali S, et al. 2020. Linking urbanization, human capital, and the ecological footprint in G7 countries: an empirical analysis[J]. Sustainable Cities and Society, 55(6): 102064.

Albert C, Bonn A, Burkhard B, et al. 2016. Towards a national set of ecosystem service indicators: insights from Germany[J]. Ecological Indicators, 61(1): 38-48.

Alexander P, Rounsevell M D A, Dislich C, et al. 2015. Drivers for global agricultural land use change: the nexus of diet, population, yield and bioenergy[J]. Global Environmental Change, 35: 138-147.

Ali M, Marvuglia A, Geng Y, et al. 2019. Accounting emergy-based sustainability of crops production in India and Pakistan over first decade of the 21st century[J]. Journal of Cleaner Production, 207: 111-122.

Alizadeh S, Zafari-koloukhi H, Rostami F, et al. 2020. The eco-efficiency assessment of wastewater treatment plants in the city of Mashhad using emergy and life cycle analyses[J]. Journal of Cleaner Production, 249: 119327.

Ang B W. 2004. Decomposition analysis for policymaking in energy: which is the preferred method?[J]. Energy Policy, 32(9): 1131-1139.

Ang B W, Choi K H, 1997. Decomposition of aggregate energy and gas emission intensities for industry: a refined divisia index method[J]. The Energy Journal, 18(3): 59-73.

Ang B W, Liu F L. 2001. A new energy decomposition method: perfect in decomposition and consistent in aggregation[J]. Energy, 26(6): 537-548.

Ang B W, Zhang F Q. 2000. A survey of index decomposition analysis in energy and environmental studies[J]. Energy, 25(12): 1149-1176.

Ang B W, Zhang F Q, Choi K H. 1998. Factorizing changes in energy and environmental indicators through decomposition[J]. Energy, 23(6): 489-495.

Asquith N M, Vargas M T, Wunder S. 2008. Selling two environmental services: in-kind payments for bird habitat and watershed protection in Los Negros, Bolivia[J]. Ecological Economics, 65(4): 675-684.

Ayanlade A, Proske U. 2016. Assessing wetland degradation and loss of ecosystem services in the Niger Delta, Nigeria[J]. Marine and Freshwater Research, 67(6): 828-836.

Balmford A, Fisher B, Green R E, et al. 2011. Bringing ecosystem services into the real world: an operational framework for assessing the economic consequences of losing wild nature[J]. Environmental and Resource Economics, 48: 161-175.

Bateman I J, Harwood A R, Mace G M, et al. 2013. Bringing ecosystem services into economic decision-making: land use in the United Kingdom[J]. Science, 341(6141): 45-50.

Blasi E, Passeri N, Franco S, et al. 2016. An ecological footprint approach to environmental-economic evaluation of farm results[J]. Agricultural Systems, 145: 76-82.

Bolund P, Hunhammar S. 1999. Ecosystem services in urban areas[J]. Ecological Economics, 29(2): 293-301.

Bommarco R, Vico G, Hallin S. 2018. Exploiting ecosystem services in agriculture for increased food security[J]. Global Food Security, 17: 57-63.

Boyd J, Banzhaf S. 2007. What are ecosystem services? The need for standardized environmental accounting units[J]. Ecological Economics, 63(2-3): 616-626.

Brown M T. 2001. Handbook of Emergy Evaluation: A Compendium of Data for Emergy Computation Issued in a Series of Folios-Folio #3 Emergy of Ecosystems[M]. Gainesville: University of Florida.

Brown M T, Arding J. 1991. Transformity Working Paper[R]. Gainesville: University of Florida.

Brown M T, Herendeen R A. 1996. Embodied energy analysis and EMERGY analysis: a comparative view[J]. Ecological Economics, 19(3): 219-235.

Brown M T, Protano G, Ulgiati S. 2011. Assessing geobiosphere work of generating global reserves of coal, crude oil, and natural gas[J]. Ecological Modelling, 222(3): 879-887.

Brown M T, Ulgiati S. 2016a. Assessing the global environmental sources driving the geobiosphere: a revised emergy baseline[J]. Ecological Modelling, 339: 126-132.

Brown M T, Ulgiati S. 2016b. Emergy assessment of global renewable sources[J]. Ecological Modelling, 339: 148-156.

Brown M T, Ulgiati S. 1997. Emergy-based indices and ratios to evaluate sustainability: monitoring economies and technology toward environmentally sound innovation[J]. Ecological Engineering, 9(1-2): 51-69.

Brown M T, Ulgiati S. 2010. Updated evaluation of exergy and emergy driving the geobiosphere: a review and refinement of the emergy baseline[J]. Ecological Modelling, 221(20): 2501-2508.

Buller L S, Bergier I, Ortega E, et al. 2013. Dynamic emergy valuation of water hyacinth biomass in wetlands: an ecological approach[J]. Journal of Cleaner Production, 54: 177-187.

Buranakarn V. 1998. Evaluation of Recycling and Reuse of Building Materials Using Emergy Analysis Method[M]. Gainesville: University of Florida.

Calder R S D, Shi C, Mason S A, et al. 2019. Forecasting ecosystem services to guide coastal wetland rehabilitation decisions[J]. Ecosystem Services, 39(5): 101007.

Campbell D E, Brandt Williams S L, Meisch M E A. 2005. Environmental Accounting Using Emergy: evaluation of the State of West Virginia[M]. Chapel Hill: University of North Carolina.

Campbell E T, Brown M T. 2012. Environmental accounting of natural capital and ecosystem services for the US National Forest System[J]. Environment, Development and Sustainability, 14: 691-724.

Cansino J M, Sánchez-Braza A, Rodríguez-Arévalo M L. 2018. How can Chile move away from a high carbon economy?[J]. Energy Economics, 69: 350-366.

Cansino J M, Sánchez-Braza A, Rodríguez-Arévalo M L. 2015. Driving forces of Spain's CO_2 emissions: a LMDI decomposition approach[J]. Renewable and Sustainable Energy Reviews, 48: 749-759.

Cavalett O, Queiroz J F de, Ortega E. 2006. Emergy assessment of integrated production systems of grains, pig and fish in small farms in the South Brazil[J]. Ecological Modelling, 193(3): 205-224.

Chen H, Zhao Y. 2011. Evaluating the environmental flows of China's Wolonghu wetland and land use changes using a hydrological model, a water balance model, and remote sensing[J]. Ecological Modelling, 222(2): 253-260.

Chen W, Zhong S, Geng Y, et al. 2017. Emergy based sustainability evaluation for Yunnan Province, China[J]. Journal of Cleaner Production, 162(3): 1388-1397.

Cheng H, Chen C, Wu S, et al. 2017. Emergy evaluation of cropping, poultry rearing, and fish raising systems in the drawdown zone of Three Gorges Reservoir of China[J]. Journal of Cleaner Production, 144: 559-571.

Chontanawat J, Wiboonchutikula P, Buddhivanich A. 2019. An LMDI decomposition analysis of carbon emissions in the Thai manufacturing sector[J]. Energy Reports, 6(S1): 705-710.

Cooper A, Shine T, Mccann T, et al. 2006. An ecological basis for sustainable land use of Eastern Mauritanian wetlands[J]. Journal of Arid Environments, 67(1): 116-141.

Costanza R, D'Arge R, Groot R D, et al. 1997. The value of the world's ecosystem services and natural capital[J]. World Environment, 387(15): 3-15.

Cui B, He Q, Gu B, et al. 2016. China's coastal wetlands: understanding environmental changes and human impacts for management and conservation[J]. Wetlands, 36(1): 1-9.

Davidson N C. 2014. How much wetland has the world lost? Long-term and recent trends in global wetland area[J]. Marine and Freshwater Research, 65(10): 936-941.

de Groot R S, Wilson M A, Boumans R M J. 2002. A typology for the classification, description and valuation of ecosystem functions, goods and services[J]. Ecological Economics, 41(3): 393-408.

de Oliveira R K, Higa A R, Silva L D, et al. 2018. Emergy-based sustainability assessment of a loblolly pine(Pinus taeda)production system in southern Brazil[J]. Ecological Indicators, 93: 481-489.

de Oliveira-de Jesus P M. 2019. Effect of generation capacity factors on carbon emission intensity of electricity of Latin America & the Caribbean, a temporal IDA-LMDI analysis[J]. Renewable and Sustainable Energy Reviews, 101: 516-526.

Dobbie M. 2013. Public aesthetic preferences to inform sustainable wetland management in Victoria, Australia[J]. Landscape and Urban Planning, 120: 178-189.

Dong H, Liu Z, Geng Y, et al. 2018. Evaluating environmental performance of industrial park development: the case of Shenyang[J]. Journal of Industrial Ecology, 22(6): 1402-1412.

Dong X, Brown M T, Pfahler D, et al. 2012. Carbon modeling and emergy evaluation of grassland management schemes in Inner Mongolia[J]. Agriculture, Ecosystems & Environment, 158: 49-57.

Dorber M, Kuipers K, Verones F. 2020. Global characterization factors for terrestrial biodiversity impacts of future land inundation in Life Cycle Assessment[J]. Science of The Total Environment, 712(5): 134582.

Du B, Zhen L, Hu Y, et al. 2018. Comparison of ecosystem services provided by grasslands with different utilization patterns in China's Inner Mongolia Autonomous Region[J]. Journal of Geographical Sciences, 28(10): 1399-1414.

Duan N, Liu X D, Dai J, et al. 2011. Evaluating the environmental impacts of an urban wetland park based on emergy accounting and life cycle assessment: a case study in Beijing[J]. Ecological Modelling, 222(2): 351-359.

Ehrlich P R, Ehrlich A H. 1981. Extinction: The Causes and Consequences of The Disappearance of Species[M]. New York: Random House.

Ehrlich P R, Mooney H A. 1983. Extinction, substitution, and ecosystem services[J]. Biological Sciences, 33(4): 248-254.

Eigenbrod F, Bell V A, Davies H N, et al. 2011. The impact of projected increases in urbanization on ecosystem services[J]. Proceedings of the Royal Society B: Biological Sciences, 278(1722): 3201-3208.

Fagerholm N, Oteros Rozas E, Raymond C M, et al. 2016. Assessing linkages between ecosystem services, land-use and well-being in an agroforestry landscape using public participation GIS[J]. Applied Geography, 74: 30-46.

Farber S C, Costanza R, Wilson M A. 2002. Economic and ecological concepts for valuing ecosystem services[J]. Ecological Economics, 41(3): 375-392.

Fernández González P, Landajo M, Presno M J. 2014a. Multilevel LMDI decomposition of changes in aggregate energy consumption. A cross country analysis in the EU-27[J]. Energy Policy, 68: 576-584.

Fernández González P, Landajo M, Presno M J. 2014b. Tracking european union CO_2 emissions through LMDI(logarithmic-mean Divisia index) decomposition. The activity revaluation approach[J]. Energy, 73(7): 741-750.

Fisher B, Turner K, Zylstra M, et al. 2008. Ecosystem services and economic theory: integration for policy-relevant research[J]. Ecologicl Applications, 18(8): 2050-2067.

Fisher B, Turner R K, Morling P. 2009. Defining and classifying ecosystem services for decision making[J]. Ecological Economics, 68(3): 643-653.

Gao Y, Li S C, Feng Z. 2011. Emergy-based ecological pressure analysis of land use in China[J]. Procedia Environmental Sciences, 1st Conference on Spatial Statistics 2011-Mapping Global Change, 3: 93-98.

Garratt J R. 1992. The Atmospheric Boundary Layer. Cambridge Atmospheric and Space Science Series[M]. Cambridge: Cambridge University Press.

Ghisellini P, Zucaro A, Viglia S, et al. 2014. Monitoring and evaluating the sustainability of Italian agricultural system. An emergy decomposition analysis[J]. Ecological Modelling, Environmental Accounting: Emergy, Systems Ecology and Ecological Modelling, 271: 132-148.

Greenway M. 2017. Stormwater wetlands for the enhancement of environmental ecosystem services: case studies for two retrofit wetlands in Brisbane, Australia[J]. Journal of Cleaner Production, 163(S1): S91-S100.

Guerry A D, Polasky S, Lubchenco J, et al. 2015. Natural capital and ecosystem services informing decisions: from promise to practice[J]. Proceedings of the National Academy of Sciences, 112(24): 7348-7355.

Han M, Yu H Z. 2016. Wetland dynamic and ecological compensation of the Yellow River delta based on RS[J]. Energy Procedia, 104: 129-134.

Heal G. 2000. Valuing ecosystem services[J]. Ecosystems, 3: 24-30.

Hong S, Lee J, Kang D. 2015. Emergy evaluation of management measures for derelict fishing gears in Korea[J]. Ocean Science Journal, 50(3): 603-613.

Houshyar E, Wu X F, Chen G Q. 2018. Sustainability of wheat and maize production in the warm climate of southwestern Iran: an emergy analysis[J]. Journal of Cleaner Production, 172: 2246-2255.

Hu S, Niu Z, Chen Y, et al. 2017. Global wetlands: potential distribution, wetland loss, and status[J]. Science of The Total Environment, 586: 319-327.

Jeong K, Kim S. 2013. LMDI decomposition analysis of greenhouse gas emissions in the Korean manufacturing sector[J]. Energy Policy, 62: 1245-1253.

Kates R W. 2001. Environment and development: sustainability science[J]. Science, 292(5517): 641-642.

Kates R W. 2011. What kind of a science is sustainability science?[J]. Proceedings of the National Academy of Sciences, 108(49): 19449-19450.

Keddy P A. 2010. Wetland Ecology: Principles and Conservation[M]. Cambridge: Cambridge University Press.

Kolinjivadi V, Grant A, Adamowski J, et al. 2015. Juggling multiple dimensions in a complex socio-ecosystem: the issue of targeting in payments for ecosystem services[J]. Geoforum, 58: 1-13.

Kubiszewski I, Costanza R, Anderson S, et al. 2017. The future value of ecosystem services: global scenarios and national implications[J]. Ecosystem Services, 26: 289-301.

Lamsal P, Pant K, Kumar L, et al, 2015. Sustainable livelihoods through conservation of wetland resources: a case of economic benefits from Ghodaghodi Lake, western Nepal[J]. Ecology and Society, 20(1): 10.

Lan S, Odum H T, Liu X, 1998. Energy flow and emergy analysis of the agroecosystems of China[J]. Ecologic Science, 34-41.

Li B, Chen D, Wu S, et al. 2016. Spatio-temporal assessment of urbanization impacts on ecosystem services: case study of Nanjing City, China[J]. Ecological Indicators, 71: 416-427.

Li J, Lai X, Liu H M, et al. 2017b. Emergy evaluation of three rice wetland farming systems in the Taihu Lake Catchment of China[J]. Wetlands, 38(6): 1121-1132.

Li J C, Zhu Q G, Cong L L, et al. 2009. Energy analysis for level of Panjin rice crop farming system sustainability development[J]. Science & Technology Information, 35: 819-820.

Li L, Lu H, Ren H, et al. 2011. Emergy evaluations of three aquaculture systems on wetlands surrounding the Pearl River Estuary, China[J]. Ecological Indicators, 11(2): 526-534.

Li L, Su F, Brown M T, et al. 2018. Assessment of ecosystem service value of the Liaohe estuarine wetland[J]. Applied Sciences, 8(12): 2561.

Li T, Cui Y, Liu A. 2017a. Spatiotemporal dynamic analysis of forest ecosystem services using "big data": a case study of Anhui province, central-eastern China[J]. Journal of Cleaner Production, 142: 589-599.

Li X, Yu X, Jiang L, et al. 2014. How important are the wetlands in the middle-lower Yangtze River region: an ecosystem service valuation approach[J]. Ecosystem Services, 10: 54-60.

Li Y Y, Tan M H, Hao G H. 2019. The impact of global cropland changes on terrestrial ecosystem services value, 1992-2015[J]. Journal of Geographical Sciences, 29(3): 323-333.

Liu G, Yang Z, Chen B, et al. 2011. Monitoring trends of urban development and environmental impact of Beijing, 1999-2006[J]. Science of The Total Environment, 409(18): 3295-3308.

Liu Z, Wang Y, Geng Y, et al. 2019. Toward sustainable crop production in China: an emergy-based evaluation[J]. Journal of Cleaner Production, 206: 11-26.

Liu Z, Wang Y, Wang S, et al. 2018. An emergy and decomposition assessment of China's crop production: sustainability and driving forces[J]. Sustainability, 10(11): 3938.

Loft L, Le D N, Pham T T, et al. 2017. Whose equity matters? National to local equity perceptions in Vietnam's payments for forest ecosystem services scheme[J]. Ecological Economics, 135: 164-175.

Lorey D E. 2002. Global Environmental Challenges of the Twenty-First Century: Resources, Consumption, and Sustainable Solutions[M]. Wilmington: Rowman & Littlefield Publishers.

Lou B, Ulgiati S. 2013. Identifying the environmental support and constraints to the Chinese economic growth—an application of the emergy accounting method[J]. Energy Policy, 55: 217-233.

Lu H, Campbell D, Chen J, et al. 2007. Conservation and economic viability of nature reserves: an emergy evaluation of the Yancheng Biosphere Reserve[J]. Biological Conservation, 139(3-4): 415-438.

Lu H F, Cai C J, Zeng X S, et al. 2018. Bamboo vs. crops: an integrated emergy and economic evaluation of using bamboo to replace crops in south Sichuan Province, China[J]. Journal of Cleaner Production, 177: 464-473.

Lu H F, Tan Y W, Zhang W S, et al. 2017. Integrated emergy and economic evaluation of lotus-root production systems on reclaimed wetlands surrounding the Pearl River Estuary, China[J]. Journal of Cleaner Production, 158: 367-379.

Lyu R, Zhang J, Xu M, et al. 2018. Impacts of urbanization on ecosystem services and their temporal relations: a case study in Northern Ningxia, China[J]. Land Use Policy, 77: 163-173.

Mark B, Sergio U. 2018. Environmental Accounting: Coupling Human and Natural Systems[M]. New York: Springer.

Maurya S P, Singh P K, Ohri A, et al. 2020. Identification of indicators for sustainable urban water development planning[J]. Ecological Indicators, 108: 105691.

Meacham M, Queiroz C, Norström A V, et al. 2016. Social-ecological drivers of multiple ecosystem services: what variables explain patterns of ecosystem services across the Norrström drainage basin?[J]. Ecology and Society, 21(1): 14.

Meillaud F, Gay J B, Brown M T. 2005. Evaluation of a building using the emergy method[J]. Solar Energy, 79(2): 204-212.

Meng W, Hao C, Li H, et al. 2010. EMERGY analysis for sustainability evaluation of the Baiyangdian wetland ecosystem in China[J]. Frontiers of Environmental Science & Engineering in China, 4(2): 203-212.

Millennium Ecosystem Assessment. 2005. Ecosystems and Human Well-Being: Synthesis[M]. Washington, D.C.: Island Press.

Mori A S, Lertzman K P, Gustafsson L. 2017. Biodiversity and ecosystem services in forest ecosystems: a research agenda for applied forest ecology[J]. Journal of Applied Ecology, 54(1): 12-27.

Mousavi B, Lopez N S A, Biona J B M, et al. 2017. Driving forces of Iran's CO_2 emissions from energy consumption: an LMDI decomposition approach[J]. Applied Energy, 206: 804-814.

Nelson M, Odum H T, Brown M T, et al. 2001. "Living off the land": resource efficiency of wetland wastewater treatment[J]. Advances in Space Research, 27(9): 1547-1556.

Neuman A D, Belcher K W, 2011. The contribution of carbon-based payments to wetland conservation compensation on agricultural landscapes[J]. Agricultural System, 104(1): 75-81.

Nikodinoska N, Paletto A, Pastorella F, et al. 2018. Assessing, valuing and mapping ecosystem services at city level: the case of Uppsala(Sweden)[J]. Ecological Modelling, 368: 411-424.

Niu Z, Gong P, Cheng X, et al. 2009. Geographical characteristics of China's wetlands derived from remotely sensed data[J]. Science in China Series D: Earth Sciences, 52(6): 723-738.

Nykvist B, Borgström S, Boyd E. 2017. Assessing the adaptive capacity of multi-level water governance: ecosystem services under climate change in Mälardalen region, Sweden[J]. Regional Environmental Change, 17(S1): 2359-2371.

Odum H T. 1996. Environmental Accounting: Emergy and Environmental Decision Making[M]. New York: John Wiley & Sons.

Odum H T. 1988. Self-organization, transformity, and information[J]. Science, 242(4882): 1132-1139.

O'Geen A T, Budd R, Gan J, et al. 2010. Chapter one-mitigating nonpoint source pollution in agriculture with constructed and restored wetlands[J]. Advances in Agronomy, 108: 1-76.

Ohl C, Drechsler M, Johst K, et al. 2008. Compensation payments for habitat heterogeneity: existence, efficiency, and fairness considerations[J]. Ecological Economics, 67(2): 162-174.

Othoniel B, Rugani B, Heijungs R, et al. 2019. An improved life cycle impact assessment principle for assessing the impact of land use on ecosystem services[J]. Science of The Total Environment, 693: 133374.

Ouyang Z, Zheng H, Xiao Yi, et al. 2016. Improvements in ecosystem services from investments in natural capital[J]. Science, 352(6292): 1455-1459.

Pagiola S. 2008. Payments for environmental services in Costa Rica[J]. Ecological Economies, 65(4): 712-724.

Pham T T, Campbell B M, Garnett S. 2009. Lessons for pro-poor payments for environmental services: an analysis of projects in vietnam[J]. The Asia Pacific Journal of Public Administration, 31(2): 117-133.

Portalanza D, Barral M P, Villa-Cox G, et al. 2019. Mapping ecosystem services in a rural landscape dominated by cacao crop: a case study for Los Rios province, Ecuador[J]. Ecological Indicators, 107: 105593.

Qin P, Wong Y S, Tam N F Y. 2000. Emergy evaluation of Mai Po mangrove marshes[J]. Ecological Engineering, 16(2): 271-280.

Ricaurte L F, Olaya-Rodríguez M H, Cepeda-Valencia J, et al. 2017. Future impacts of drivers of change on wetland ecosystem services in Colombia[J]. Global Environmental Change, 44: 158-169.

Sica Y V, Quintana R D, Radeloff V C, et al. 2016. Wetland loss due to land use change in the Lower Paraná River Delta, Argentina[J]. Science of The Total Environment, 568: 967-978.

Tolessa T, Senbeta F, Kidane M. 2017. The impact of land use/land cover change on ecosystem services in the central highlands of Ethiopia[J]. Ecosystem Services, 23: 47-54.

Ulgiati S, Brown M T, Bastianoni S, et al. 1995. Emergy-based indices and ratios to evaluate the sustainable use of resources[J]. Ecological Engineering, 5(4): 519-531.

Vassallo P, Bastianoni S, Beiso I, et al. 2007. Emergy analysis for the environmental sustainability of an inshore fish farming system[J]. Ecological Indicators, 7(2): 290-298.

Wang C, Li X, Yu H, et al. 2019. Tracing the spatial variation and value change of ecosystem services in Yellow River Delta, China[J]. Ecological Indicators, 96: 270-277.

Wang L, Lu L. 2009. Research progress on wetland ecotourism[J]. Chinese Journal of Applied Ecology, 20(6): 1517-1524.

Wang Q, Li S, Li R. 2019. Evaluating water resource sustainability in Beijing, China: combining PSR model and matter-element extension method[J]. Journal of Cleaner Production, 206: 171-179.

Wang X, Tan K, Chen Y, et al. 2018. Emergy-based analysis of grain production and trade in China during 2000—2015[J]. Journal of Cleaner Production, 193: 59-71.

Westman W E. 1977. How much are nature's services worth?[J]. Science, 197(4307): 960-964.

Wilfart A, Prudhomme J, Blancheton J P, et al. 2013. LCA and emergy accounting of aquaculture systems: towards ecological intensification[J]. Journal of Environmental Management, 121: 96-109.

Worku I H, Dereje M, Minten B, et al. 2017. Diet transformation in Africa: the case of Ethiopia[J]. Agricultural Economics, 48: 73-86.

Wu X F, Wu X D, Li J S, et al. 2014. Ecological accounting for an integrated "pig-biogas-fish" system based on emergetic indicators[J]. Ecological Indicators, 47: 189-197.

Yang Q, Liu G, Casazza M, et al. 2018. Development of a new framework for non-monetary accounting on ecosystem services valuation[J]. Ecosystem Services, 34: 37-54.

Yang Q, Liu G, Casazza M, et al. 2019. Emergy-based accounting method for aquatic ecosystem services valuation: a case of China[J]. Journal of Cleaner Production, 230: 55-68.

Yin G, Lin Z, Jiang X, et al. 2019. Spatiotemporal differentiations of arable land use intensity: a comparative study of two typical grain producing regions in northern and southern China[J]. Journal of Cleaner Production, 208: 1159-1170.

Zhai X, Zhao H, Guo L, et al. 2018. The emergy of metabolism in the same ecosystem(maize)under different environmental conditions[J]. Journal of Cleaner Production, 191: 233-239.

Zhang F, Yushanjiang A, Jing Y, 2019. Assessing and predicting changes of the ecosystem service values based on land use/cover change in Ebinur Lake Wetland National Nature Reserve, Xinjiang, China[J]. Science of The Total Environment, 656: 1133-1144.

Zhang L X, Ulgiati S, Yang Z F, et al. 2011. Emergy evaluation and economic analysis of three wetland fish farming systems in Nansi Lake area, China[J]. Journal of Environmental Management, 92(3): 683-694.

Zhang Q, Yue D, Fang M, et al. 2018. Study on sustainability of land resources in Dengkou County based on emergy analysis[J]. Journal of Cleaner Production, 171: 580-591.

Zhao S, Song K, Gui F, et al. 2013. The emergy ecological footprint for small fish farm in China[J]. Ecological Indicators, 29: 62-67.

Zhao X, Yang J, Zhang X, et al. 2017. Evaluation of bioaugmentation using multiple life cycle assessment approaches: a case study of constructed wetland[J]. Bioresource Technology, 244: 407-415.

Zhong S, Geng Y, Kong H, et al. 2018. Emergy-based sustainability evaluation of Erhai Lake Basin in China[J]. Journal of Cleaner Production, 178: 142-153.

Zorrilla-Miras P, Palomo I, Gómez Baggethun E, et al. 2014. Effects of land-use change on wetland ecosystem services: a case study in the Doñana marshes(SW Spain)[J]. Landscape and Urban Planning, 122: 160-174.

Zou M, Kang S, Niu J, et al. 2018. A new technique to estimate regional irrigation water demand and driving factor effects using an improved SWAT model with LMDI factor decomposition in an arid basin[J]. Journal of Cleaner Production, 185: 814-828.

Zuo P, Wan S W, Qin P, et al. 2004. A comparison of the sustainability of original and constructed wetlands in Yancheng Biosphere Reserve, China: implications from emergy evaluation[J]. Environmental Science & Policy, 7(4): 329-343.